与施虐者同眠

[俄罗斯] 塔尼亚·丹科 ◎ 著　　吴海月 ◎ 译

В постели с абьюзером

北京联合出版公司
Beijing United Publishing Co.,Ltd.

图书在版编目（CIP）数据

与施虐者同眠 /（俄罗斯）塔尼亚·丹科著；吴海月译. -- 北京：北京联合出版公司, 2024.9. -- ISBN 978-7-5596-7727-3

Ⅰ. B84-49

中国国家版本馆 CIP 数据核字第 2024B045J1 号

В постели с абьюзером. Любовь, идентичная натуральной
Copyright©2022 text by Tanya Tank
This edition is published by arrangement with AST Publishers Ltd, Russia.
Simplified Chinese translation copyright © 2024 by Beijing Adagio Culture Co.Ltd.
The simplified Chinese translation rights arranged through Rightol Media.
(本书中文简体版权经由锐拓传媒旗下小锐取得。Email:copyright@rightol.com)

北京市版权局著作权合同登记 图字：01-2024-4527 号

与施虐者同眠

作　　者：[俄罗斯]塔尼亚·丹科
译　　者：吴海月
出 品 人：赵红仕
选题统筹：张志元
产品经理：张志元
责任编辑：孙志文
封面设计：异一设计

北京联合出版公司出版
（北京市西城区德外大街83号楼9层　100088）
北京联合天畅文化传播公司发行
天津睿和印艺科技有限公司印刷　新华书店经销
字数300千字　880毫米×1230毫米　1/32　12.5印张
2024年9月第1版　2024年9月第1次印刷
ISBN 978-7-5596-7727-3
定价：68.00元

版权所有，侵权必究
未经书面许可，不得以任何方式转载、复制、翻印本书部分或全部内容。
本书若有质量问题，请与本公司图书销售中心联系调换。电话：（010）64258472-800

序

也许是我搞砸了我们之间的关系？

为什么他选择了她，而不是我？

也许他就是不爱我，所以才对我冷嘲热讽？

如果他不放手，我怎样才能离开他？

我怎样才能不再爱他，不再想他？

我要再给他一次改正的机会吗？

我能帮他改变吗？

如果他跟我抢孩子，我该怎么办？

父母不同意我离婚，我该怎么办？

这六年多来，我每天都能听到你们问我这些问题……

对于第一次听说我的人，我简单地介绍一下自己。我是《恐惧吧！我与你同行》的作者，这本书首次出版于2014年。我用半年时间完成了这本书，然后立即与破坏性关系进行切割，心里想着：就让它淹没在人海中吧，我对它没有过高的期待。但是，意外之喜是，从这本书出版之时起，我的作品便走进了成千上万的读者心里。

很快我就收到大量读者的来信，随着来信越来越多，我听了更多相关故事，以及他们的困惑。我忽然意识到，既然这个话题如此切实地影响着我们的生活，那么就不应该仅仅在私下里讨论它。为了让更多的读

I

者从中受到启发，我就这样有意无意地成了一名博主。

2014年，我开始给"生活杂志"网站（Live Journal）写专题文章，2018年来到Instagram。从那时起，我每天都在与你们交流。我读你们的自白，回答你们的提问——与你们共情，总结你们的经历。多亏了与你们频繁通信以及你们带给我的故事，我才能够深入地探索破坏性关系的话题，并将它付诸现实生活。今后我也会继续深耕于此。

我常常读到你们在信中这样对我说："您给我回信了！我高兴得都快疯了！"我只能微微一笑，心想：怎么会不回信呢？我认为，作家、博主应该与读者紧密联系，只有这样，他的创作才会是现实的、被需要的，他才不会"严重脱离群众"。当然，与人交流非常耗费时间——但是，我甚至不会说这是在"剥夺"我的时间，恰恰相反，这增加了我的阅历、知识……甚至升华了我的人性。

既然你们问的都是同一件事，在与我合作的AST出版社的建议下，我决定从来信中挑选150个典型案例并逐一进行分析，最后结集成这本书。

为了方便大家阅读，我把书中内容分成了不同的专题版块，这样你们不仅可以按顺序阅读，也可以从目前最困扰自己的问题看起。通过目录，你们能快速找到书中的内容。

在这里也建议大家关注一下我之前的作品《恐惧吧！我与你同行》，将这两本书搭配着一起看，或许能够更好地消化和吸收。

我想尽量少用术语和"专题"表述，但是我也知道，没有术语和"专题"表述是行不通的。所以，类似于煤气灯效应（gaslighting）和自恋型人格（narcissistic personality）这样的词，我会在本书末的术语表中附上相对应的含义，大家可以对照阅读。好了，现在我们就开始第一次练习。

如果你现在还不知道施虐（abuse）这个词的意思，就加入进来吧。

在本书中，"变态人格者""自恋者""施虐者""破坏者"这些概念用作同义词，除非我特别指出了这些概念的细微差别。总体来说，我不建议大家对此过多纠结：重要的不是如何称呼一个人，而是你们和这个人在一起是否舒心。所有施虐者的个性和行为几乎都是一样的，只是在细节上有所差别——这是专业人士应该研究的事情，或者对此特别感兴趣的人也可以关注。我们的任务是要幸福，要过得开心，要身心健康，要平安顺遂。

请大家将"正常人"这个词理解为"心理成熟的人"的同义词。

感谢给我讲自己的故事、给我写信、在我的社交网络账号下评论的所有人。是你们过去和现在一直给予我深入探索施虐话题的机会，才让我每天都能将这些知识以归纳汇总的方式回馈给你们。

我还要特别感谢我的闺密——心理学家娜塔丽娅·拉奇科夫斯卡娅，她读了我所有书的手稿，给我提出了宝贵的（无价的！）建议。

朋友们，欢迎加入我的"个人咨询"！

目录
CONTENTS

第1部分 花与果

1. 是爱上了理想中的他，还是真实的他? 　003
2. 以前是女神，现在成了干瘪的瘾君子 　007
3. 他说你是纯洁、圣洁的…… 　009
4. 为什么我感觉不到对方在撒谎? 　011
5. 他对其他女人态度恶劣，却对我另眼相待 　013
6. 为什么我们之间没有浪漫和崇拜? 　018
7. 他刚开始讨厌我，后来爱上了我 　020
8. 他喜欢我，但是很害羞 　023
9. 我感觉自己好像被催眠了 　029
10. 我无法忘记最初几星期的欣快感 　031
11. 他是我的全世界 　033
12. 他要求我注销社交账号 　035
13. 我焦虑不安 　038
14. 我的腿骨折了，但是他不理不睬 　040
15. 我向他剖白我的内心感受 　042
16. 是改变性格，还是选择分手? 　044
17. 准备好为爱人提升自己了吗? 　046
18. 六点半，七点半……他还没来 　047
19. 他告诉我，别人在说我的坏话 　050
20. 在向他表白后，我的噩梦开始了 　052
21. 他强迫我看暴力电影 　054
22. 我等着他再次向我敞开心扉 　055

23. 有时候加我为好友，有时候又拉黑我　　057
24. 我总是怕惹他生气　　059
25. 和他在一起不好，但是没有他会更糟糕　　062
26. 他说"你瞎了"，然后就消失了　　064
27. 你不想知道我出了什么事吗？　　066
28. 他没钱吃饭了，我想给他五千块　　068
29. 三个星期后他搬来与我同居　　071
30. 他已向我求婚，但是又绝口不提结婚　　073
31. 他会娶她吗？　　076
32. 有不贬低的施虐者吗？　　078
33. 他不暴力，但是我身上有瘀青　　080
34. 我开始害怕过各种节日　　083
35. 他让我帮他还房贷　　085
36. 男朋友让我把我的工资交给他　　087
37. 承诺给我惊喜，却连祝福都没有　　089
38. 他让我归还他送的礼物　　092
39. 有宽容的施虐者吗？　　093
40. 他总是抱怨我做的饭难吃　　095
41. 他不给我饭吃　　097
42. 他说我给他带来了厄运　　100
43. 我开始玩小游戏　　102
44. 他还不如大声骂我呢　　103
45. 我们可以吵几个小时　　105
46. 我酗酒，但是心中仍然苦闷　　108
47. 他要求我一直是他期望的样子　　111
48. 我越来越想结束自己的一生　　113
49. 我已经不知道我们俩谁才是施虐者　　115
50. 试着和他谈，但是更加理不清头绪　　117
51. 他说我们之间的问题只有生孩子才能解决　　119
52. 他想要孩子，却让我去堕胎　　121
53. 答应我不射进去，最终还是射进去了　　123

第 2 部分 鸠占鹊巢

54. 和他在一起，我变成了女"奥赛罗"   127
55. 他当着我的面夸奖自己的异性朋友   131
56. 他对他的前妻大加赞赏   133
57. 男朋友被他的前女友跟踪   136
58. 丽泽塔、波列塔和玛丽耶塔   138
59. 如果他突然爱上她，该怎么办？   140
60. 他和别人在一起很开心   142
61. 他无法从三个女人中选一个   144
62. 是施虐者，还是单纯的好色？   146
63. 好色之徒能改好吗？   148
64. 我男朋友自称是多配偶者   150
65. 原来他已婚……   152
66. 他很喜欢我，但是他已婚   154

第 3 部分 与施虐者同眠

67. 消失的激情之夜   159
68. 他由于"爱惜"我，才不和我过性生活   163
69. 他痛苦，是我的错？   166
70. 我对他有很强烈的性依赖   168
71. 对于性，他从需索无度变成冷淡   170
72. 丈夫和情人都是自恋者   173
73. 他想让我和别人睡   175
74. 我改过，悔过，但他还是折磨我   179
75. 他想要，但是自己喊停了   181
76. 他算计我的高潮   182
77. 他出轨了，但是会送我礼物   184
78. 他让我变成了受虐狂   186
79. 他说我保守   189
80. 他当着同事的面贴在我身上   192
81. 他坦白地承认自己出轨了   195

82. 他由于可怜我，再次和我睡了　　197

第 4 部分　离开吧！不要回头

83. 如何下定决心分手？　　201
84. 如何在第一次就彻底离开施虐者，永不回头？　　204
85. 我想离开他，但是他不放我走　　208
86. 能靠自己的力量摆脱有毒的关系吗？　　210
87. 怎么才能让施虐者不再纠缠？　　212
88. 如何向施虐者提出分手？　　216
89. 等一个分手理由，还是直接离开？　　218
90. 分手时需要告诉对方他是施虐者吗？　　220
91. 要拉黑他吗？　　223
92. 他说他要报复我　　226
93. 他威胁说如果我离开他，他就轻生　　229
94. 帮他贷款，但害怕分手后需要自己还　　231
95. 有没有不藕断丝连的情况？　　234
96. 为什么他戴着我送给他的吊坠，用我的杯子喝水？　　237
97. 我没有等到糖衣炮弹　　239
98. 需要回复他的祝福吗？　　241
99. 他重新加我为好友，但是不说话　　243
100. "我再也不会回头找你了"　　245
101. 他完全变了一个人　　247
102. 我把贵重东西落在他那里了　　250
103. 可以和平分手吗？　　253
104. 有没有可能他真的想复合？　　255
105. 分手后偶遇，该怎样表现才比较合适？　　257
106. 与他断绝联系 100 天后，可以恢复交往吗？　　261
107. 我们分手了，但是在同一间办公室工作　　263
108. 如何在施虐者身边再撑半年？　　265
109. 他拍了我的很多照片，他可能会借此做出卑鄙的事情吗？　　268

目录

110. 他向我的朋友爆我的"黑料" 271
111. 听到昔日我们一起听过的歌,我哭了 273
112. 如果我们有孩子,我该怎样离开他? 275
113. 反正他不会放过我们…… 279
114. 父母不理解我为什么离婚…… 281
115. 我们离婚了,但是他每天都来 283
116. 我害怕他把孩子从我手中抢走 289
117. 如何在争夺孩子时,不失去自我? 290
118. 施虐者的孩子也会成为施虐者吗? 292
119. 虽然他是个糟糕的丈夫,却是个好爸爸 294
120. 忍不了,又回到了他身边 296
121. 我想和他复合 298
122. 我无法再爱他 300
123. 我无法忘记我们之间的美好时刻 303
124. 怎样做才能让他痛苦? 305
125. 身边的人不停地念叨他 308
126. 我离开了他,但是他把悔过书发到了互联网上 312
127. 没有人理解我的痛苦 315
128. 分手后我还恨他,该如何挺过去? 319
129. 互助小组都不理解我 323
130. 我经常在内心与他对话 325
131. 我疯狂地想他,是不是他在远程操控我? 326
132. 我要等他求婚后,再甩了他 329
133. 是不是我成功击碎了他的自尊? 331
134. 离开施虐者是软弱的表现吗? 333
135. 他想开始新生活,所以来寻求我的帮助 336
136. 是离婚,还是说服他去接受治疗? 339
137. 想见他只是为了性 342
138. "圣人"可能是施虐者吗? 345
139. 他看电影时哭了,这能说明他共情吗? 348
140. 他已经正常 10 年了 352

05

141. 找不到能取代他的人 356
142. 已经与好男人开始新生活，但我还是偷偷与
    前男友见面 358
143. 要给追我很久的人机会吗？ 359
144. 他说："放弃原则，给我打电话吧！" 361
145. 我再次掉进施虐者设的陷阱 363
146. 想找个浪漫的男友，却陷入了施虐关系 365
147. 再也不相信爱情，只想享受不需要负责的性爱 367
148. 我还能遇到好男人吗？ 370
149. 生活会惩罚自恋者吗？ 372
150. 没有施虐的生活太幸福了 375

术语表 379

第1部分
花与果

1.是爱上了理想中的他，还是真实的他？

> "到底是将施虐者理想化了，导致出现糟糕的结局，还是爱上了正常人，这该如何区分？还是说只要谈恋爱，就会将对方理想化？"

你提到了"将施虐者理想化"，实际上对方从一开始就没有将你作为一个有个性的人看待。一个对你有好感的正常人会接纳你的一切，并把你身上的所有不完美看作独一无二的闪光点，觉得你可爱又迷人。在第一次对某人产生兴趣的过程中，你经历了精神的升华，在对方身上看到了与自己相同的地方。在对有这种共同点而感到庆幸的同时，你不自觉地建立了思维链：你们有很多共同点——这说明你们是同类人，也说明你们是同路人，你们可以长期发展良好的关系。这种在他人身上寻找"自身影子"的行为，大概是爱自己的表现之一，当然，不爱自己更不可能爱别人。

然而，随着交往越来越深入，你开始在对方身上寻找与自己有差异的地方，你要么接受并爱上对方，要么认识到这种差异是原则性问题，无法与此人建立更深入的亲密关系。你也要接受这一点，不要试图改造对方，要让对方有权做自己。

那么，施虐者的理想化是一种什么状态呢？施虐者会把你放到理想的普洛克路斯忒斯之床①上，用自己丰富的想象力把你变成某种"真正的女人""天使般的女人""真正的朋友"。施虐者缺乏内涵，是"空洞的"，他将自己的幸福愿景建立于"世俗标准"之上，依赖于有条件的理想化的芭比和肯。施虐者没有自我，因此也不存在与他人产生共同点的先决条件。此外，施虐者总是不喜欢（甚至憎恨）自己，因此他对他人也不会产生除不喜欢和憎恨以外的其他感情。

我的一位读者在信中写到施虐者在具有破坏性的理想化阶段有一种直观感受，就是他被赋予了自己并不具备也没有表现出来的特点。当你感到"他说的不是我""我完全不是这样的""他把我想得太好了"时，就说明你被理想化了。特别是，如果对方坚持说服你相信自己的独特性，他采用的话术往往就是"你只是不了解自己，我看到的才是真正的你"。

正常的恋人不会试图改造你，也不会要求你变成另一个人，他会接纳你的所有特质。如果这些特质中有他认为本质上不可调和也无法接受的问题，他会选择平静地摆脱这段关系。

擅长理想化恋人的施虐者，在夸赞你的同时，也会暗示你距离他的理想型恋人标准还差一小步。例如，你需要戒烟，或者你胸小，抑或你不懂西班牙语。也就是说，他认为你的确很好，但是从一开始就"没有达标"。为了"不让他失望"，你会不自觉地按照他定的标准"努力"。然而，你在正常的恋人身边就能表现得自然、真实，也会更满意自己。

---

① 普洛克路斯忒斯是古希腊神话中的强盗。他开了一家黑店，店内设有铁床。当旅客投宿时，他会强行将身高者截短，将身矮者拉长，使之与床的长度相等。——译者注

请注意，对方在形容自己对你的感受时会如何表达。"我钦佩你""我崇拜你""我臣服于你""我为你感到骄傲""女神""缪斯""万里挑一""我从来没有见过像你这样漂亮的人"——唉，这多半是理想化，而不是正常人表达的钟情。

上面说的这一切都不能否定这样的理想化是真诚的，虽然一开始并不友善。施虐者之所以选择你，是因为他对你身上的特质产生了自恋性嫉妒。也就是说，施虐者要么看到了你身上被理想化的特质，要么怀疑这些特质是否存在，因此，他会无意识地寻求"占有"这些特质，以填补自己内心的空虚。具体是怎么做的呢？在"我就是你，你就是我"的状态下自恋地与你融合。他表面上称赞的是你，实际上称赞的是……他自己，但并不是真实的自己（施虐者并不存在真实的自我），而是想象中的自己。

这就是为什么施虐者的赞美，即使是最拙笨的赞美，也会给你留下非常深刻的印象——因为这是真诚的赞美，尽管最初这种赞美是不友善和充满嫉妒之意的。因此，你会形成一种错觉，这个人特别欣赏甚至崇拜你！

盖茨比[①]真的爱黛西吗？我想他对黛西的情感更多的是出于发泄欲望的需要，他将她的脸理想化为财富、美丽、贵族气质、耀眼——所有这一切都是盖茨比从小就渴望拥有的。黛西就像盖茨比想象中的"理想"的自己。此外，有这样的女人在身边——仿佛是他作为"优质男人"的标配，毕竟黛西不是随便哪个男人都能拥有

---

① 关于这个人物的分析，请阅读我的文章《杰伊·盖茨比的星光和死亡》，文章链接 https://tanja-tank.livejournal.com/28406.html。——作者注

的。因此，实际上施虐者并不是对你感兴趣，他只在意自己，专注于把理想化的特质"强加"给你。

还有一个原因，让你对"自恋的理想化"信以为真，并从中体味出巨大的美妙感觉，那就是施虐者特有的"敏感性"。这源于他一生都在无意识地研究不同的人对不同事物的反应，将这些反应存储在自己的"记忆卡"中，并不断地将它们与你的反应进行比较，不知不觉试图尽可能准确地适配你。因此，你说的任何一句话，甚至睫毛的每一次颤动，都躲不过他体内的"超级计算机"。就好像他感受到了你所有的欲望，听出了你所有的言外之意……起初，你会将其解释为他对你的特别关注和敏感反应，并在内心告诉自己这是他对你非凡的爱。

应该把施虐者的理想化看作引起你警觉的信号，看作远离此人的机会，而不是沉迷于自己"是独特的"这个幻觉中。被理想化的永远不是你，而是他幻想出来的人。当你无缘无故"失恋"时，他对你的理想化就变成了贬低……更准确地说，不是你无缘无故"失恋"，而是由于他虚构出来的理由失去了作用，或者你已经配不上他塑造出来的"美丽女人"和"女神"的高雅称谓了。

好吧，不要忘记施虐者的理想化完全具有操控性。他故意向你"灌输"类似的话，这样他就可以从你那里得到一些重要的东西（不一定是物质的）。举一个大家小时候耳熟能详的例子——狐狸和猫用花言巧语哄骗匹诺曹他有多"好"，他怎样才能帮助爸爸杰佩托……但只是为了让他放松警惕，然后把他的金币洗劫一空。

2.以前是女神，现在成了干瘪的瘾君子

> "他曾经反复说过，根本没有想到世界上竟有这样的女孩子存在，即便有，也不是他能追到的，还说我是他理想中的女神。但是，突然有一天他却说，黑发根本不是'他的菜'，而且我的身材一点儿也不匀称，简直是皮包骨，看起来像个瘾君子……我不明白：从交往之初我就是这样的！为什么他一个月前还满口称赞的优点，现在却成了被嘲笑的缺点呢？"

这是施虐者的典型行为，他将理想化自然过渡为贬低，这种贬低只会随着时间的推移愈演愈烈。

施虐者眼中理想化的标准会经常"浮动"，跟他自己的个性（或者更确切地说，没有个性）一样变化无常。施虐者不久前才诗情画意地描述自己的理想伴侣是有"金发、小巧的鼻子、粉色的嘴唇"，现在突然又说"自己被黑发女孩打动了"。所以，昨天你还是"他的菜"，今天他就横挑鼻子竖挑眼了。

通常，贬低已经完全带有侮辱性了——突然间，你就"完全不是他的菜"，他厌弃的不是你的个别特征，而是你整个人。是的，此时你完全无法理解，他是在什么情形下选择了你，并大赞你的美丽和理想特征的呢？你试图搞清楚：接下来我该怎么做？是保持自己，继

续被贬低、被冷落、不受欢迎，还是变成他想要的样子？

　　当施虐者向你提出第一个含糊不清的要求时，你通常会努力"改造"你，以"适配"他的要求。你将头发染成金色，剪头发，将运动鞋换成高跟鞋，或者脱下高跟鞋换上运动鞋——这取决于他的"专家级"意见。但是，你很快就会意识到，无论如何也达不到他"理想型"的要求！一旦你满足了施虐者的愿望，他就会对你提出新要求——就像普希金童话里的老妇人，昨天刚幸运地得到了一个新木盆，今天就敢让金鱼给她当侍从！

　　而且施虐者往往会嘲笑你为了迎合他而作出的改变。剪的发式不是他想要的样子……总之，两个小时前他就已经喜欢长发女人了。你气得头发晕：我到底是为了什么牺牲掉自己及腰的长发的？！

　　这就是为什么当这种感觉一切都"幻灭"的情绪第一次出现时，你就应当清楚地知道，自己已经卷入"改造自己"的旋涡。为了获得施虐者标准飘忽不定的夸赞，你付出了太多。然而做这一切值得吗？在你清楚事情的真相后，还会允许施虐者攻击你的自尊吗？

　　无论何时，都不要轻易否定自己。当他一再贬低你，试图改造你时，赶快离开他。

3.他说你是纯洁、圣洁的……

> "最近我开始与一个让我很感兴趣的男人交往。我们还没有见过面,但是我怀疑他有自恋情结。例如,他和我在互联网上聊天时说:'我们灵魂相交,你是纯洁的,几乎是圣洁的,这样的人很少见。我想宠爱你,对你温柔地微笑,甚至为你而活。但是,也许当我们见面时,我不会有这种感觉……'
>
> "然后他又向我求婚。我反复问他这是什么意思。他说:'我想看看你的反应。'根据他发的消息,是否可以认定他是一个施虐者?或者最好还是跟他见面,交往之后再判断?"

通常情况下,不能仅仅根据几条消息就判断一个人……但是,根据你的描述,我能够明显地判断出对方是个施虐者,而且还是在有意识地施虐。

"圣洁""纯洁""独一无二",这类言语简直能甜到女性的心坎里(男性也不例外!)——这就是理想化!可是你和他还没有见过面,他对你的理想化是一个危险信号。通过你的故事,我能够感觉到这个男人知道"女人喜欢听什么",这是他故意编织的情网。

他慷慨地开出关于"宠爱"和"微笑"的空头支票,真是极具"诱惑力"!但是,过分慷慨和"诱惑"太强就显得假了。

"我想为你而活"——尽管这样的话总是能温暖女人的心,但是听到这样的话后,你应该撒腿就跑,迅速远离他。心理健康的人通常不会宣扬自己为某人而活,也不会期望别人为自己而活。"我想为你而活"——很不幸,这是捆绑依赖(bundled dependencies),不是真正的爱情。

"但是,也许当我们见面时,我不会有这种感觉"——这里面包含的另一层意思是:"你想继续让我对你有这种感觉吗?你想获得快乐和我的宠爱吗?那么你就尽力不要让我失望,不断超越自我吧!"

他明确地知道见面的时候不会有这种感觉,这也说明他清楚自己在操控你。他的话给自己留了台阶,好让自己在以后可以说:"好吧,我之前已经诚实地提醒过你,也许见面时我不会有这种感觉。抱歉,这种情况确实发生了。"这将对你的自尊心造成极大的打击。

我们继续往下看。向一个还没有见过面的女人求婚?我认为这是一种嘲弄。他自己也说了,想看看女孩的反应,这就是嘲弄。也就是说,他在做实验。在人身上能做什么实验?更何况,还是在他说的能唤起自己"超凡脱俗"感觉的人身上。

这个人在玩忽冷忽热的把戏。快速发展关系(求婚)——当你准备好迈向他时,他反而退缩了("这只是实验")。你觉得自己像个傻瓜,"不配"被他求婚,实际上你被他戏弄了。

他发的消息的风格也很典型——虚情假意。这是一段非常方便群发的文字。这样的文字很容易在互联网上搜索到,或者是东拼西凑写出并到处复制粘贴的"甜言蜜语"。

所以,我的建议是没必要与他见面,不见面也能看清楚他的人品,直接"拉黑"吧。

4.为什么我感觉不到对方在撒谎?

> "在一段感情中,为什么能感觉到正常恋人撒谎,却很难发现施虐者撒谎?他是如何装真诚的?"

我认为,玛琳娜·茨维塔耶娃的诗绝妙地说明了这一现象:

你爱着我,

真真假假,假假真真!

你爱着我,爱得无处可去,

只好远走他乡!

你,爱了我更久,

却与我挥手告别!

真相就这五个字:

你不爱我了。

立即画重点:没有什么爱情是让你"无处可去,只好远走他乡"的。这是非常严重的理想化。施虐者在真诚地将你理想化。他没有撒谎——或者说,至少他在当时是这样想的。在拉莉莎用勺子喂帕拉托夫①吃果酱时，他说谎了吗？在那一刻，他似乎是真心的。

操控型理想化——一个人有意识地进行欺骗——也很常见。这是反社会型人格障碍（antisocial personality disorder）者最无可救药的典型行为。他怎么能演绎得如此逼真呢？他已经活在深入设定好的角色里，活在表演中……即使斯坦尼斯拉夫斯基也难辨这个级别的操控者的真假。事实上，在精湛的演出中，我们能观察到这种现象，因为我们作为旁观者，知道演出是"假的"。

你可能会问：为什么施虐者不表现出正常的态度，而是非要玩"无处可去，只好远走他乡"这一套？首先，人类最真挚的情感是无法装出来的——操控者由于心虚，往往会演得过火，假戏真做，误入陈词滥调的浪漫窠臼。其次，他知道理想化会带来最好、最有效的结果，会很快让受害者陷入激情的旋涡，难以自拔。在一段正常的关系中，一切的发展都会水到渠成，也让人有时间思考，这对于情感骗子非常不利。他需要用"时而拨云见日，时而故布迷雾"的阴阳手法拿捏你，让你晕头转向。

你其实能够感受到现实生活中的谎言……只是当你太想获得爱时，就会用诸多合理化的借口掩盖谎言……操控者给了你渴望的"浪漫"。制造浪漫的玩法虽然俗套，却足以使渴望获得爱的人赴汤蹈火般地"坠入爱河"。

---

① 奥斯特洛夫斯基《没有陪嫁的姑娘》中的人物，帕拉托夫一再令拉莉莎充满希望又彻底失望，直到最后悲剧降临。——译者注

5.他对其他女人态度恶劣,却对我另眼相待

"有一个人把我照顾得很周到,但是我从别人口中听到的他却大相径庭。起初我不相信他,但是最终我被他的真诚打动了。他诚实地说自己的过去是一个错误。是的,他的生命中有过很多女人,但是他并不爱她们,所以并不总是对她们好,他为此感到懊悔。但是现在他遇到了我,我是他梦寐以求的女人,因此他也改过自新了。我可以相信他吗?"

我像一座荒芜的家园,
我曾经沉溺于女人和美酒。
纵情地唱呀,跳呀,
任我的生命白白地流逝。

现在我愿死死地看着你,
看着你深渊般的金灰色眼睛,
即使你不爱我的过去,
也不要立即与别人在一起。

移近你轻盈的身体吧,
你是否知道我那倔强的心,

> 无赖汉是多么地会爱啊,
> 　　他也会百般温顺。

> 我会永远跟着你,
> 　回到家园,或陌生的他乡……
> 我第一次抒唱起纯真的爱情,
> 我第一次摒弃了丑恶的勾当。[1]

怎么样,可以相信叶赛宁吗?如果索尼娅·罗斯托娃——"会使人变得纯洁而高尚,是使人重新振作起来的圣洁的生灵"——嫁给多洛霍夫[2],多洛霍夫会改过自新吗?

说自己是"正在忏悔的罪人"——非常有效的迷惑手段[3],基本上也是操控手段。一个人告诉你,他意识到自己以前的生活有多么荒谬并为此忏悔——当然,他不是平白无故地意识到的,而是遇到了一个"真正的女人""真命天女"后才意识到的。而且接触了至纯至洁的你后,他会厌弃自己的污秽丑陋。这个话题通常还伴随着自我鞭挞和精神剖白。

正在忏悔的罪人还有一种表演方式:"我还没有遇到过能够让自己为之改变的女人,但是上天把你给了我,一切都不一样了。"当然,这是自恋型理想化——多少有些真诚,但是无法长久,而且……与真实的你没有半点儿关系!

---

[1] 谢尔盖·叶赛宁的诗作《熄灭了,蓝色的火焰……》节选。——作者注
[2] 俄国作家托尔斯泰《战争与和平》中的人物。——译者注
[3] 关于破坏性情景的各个阶段,请参阅我的《恐惧吧!我与你同行》一书。这本书大概和《与施虐者同眠》在同一个书架上。——作者注

我们回顾一下德·瓦尔蒙子爵,这个可恶的女性声誉破坏者,是如何通过情感操控接近德·都尔维尔院长夫人的[①]。虽然瓦尔蒙明知道自己正在将一个女人拉入陷阱,但他还是这样做了。

罗切斯特先生不知不觉地用同样的方法操控了简[②],说服她不要离开他。他"否定"了以前的所有女人:她们放荡、目光短浅、唯利是图——一点儿也不像简……

能相信他吗?不能。呈现在我们面前的是施虐者行为的经典循环:理想化和贬低现在的伴侣,然后再开始寻找新的理想伴侣。有意思的是,书中给我们展示了一个难以置信的结局,这不可能也不会出现在作者夏洛蒂·勃朗特本人的生活中。书中的大团圆结局,可以说是对现实生活的一种理想化。我们需要文学,但有时候我们也要分清楚文学和现实生活的区别,否则你会在情感世界中四处碰壁,头脑中都是妄念而非事实,这是不可能拥有真正美好的爱情的。

如果你深陷于自己的"独特之处"、与其他女性相比的独一无二、面对其他女性而产生虚幻的优越感——这就是你面对施虐者的魅力时自身潜在的巨大脆弱性。我们坚信自己不同于其他女性(即非常惹人喜爱、一点儿也不重利、不放荡等)的信念来自何处?我觉得来自如下几个方面:

⊙内部厌女症、"无知、无情"。整个社会大环境对女性的不友好,产生了很恶劣的影响,例如"同性相斥"等观念在每个女孩很小的时候就根植于其幼小的心灵中。在成长的过程中,女性不断地失去朋友,不断地

[①] 法国作家拉克洛《危险的关系》中的人物。——译者注
[②] 英国作家夏洛蒂·勃朗特的小说《简·爱》中的人物。——译者注

与朋友绝交。我们吸收了多少"女性之间的友谊只能持续到她们认识第一个男人为止"和"有了男朋友就会失去闺密,闺密就是你的敌人""女性之间没有友谊"这类邪说,想想就可怕。有没有发现这是"分而治之"?

看到我的女性读者称呼其他女性为"笨鸡""蠢女人""小作精"后,我不禁哀叹。那你们自己又是什么呢?是由同一个人分裂出来的"理想的"第三性别者,还是也是这样的女人?我们将自己置于其他女性之上,鄙视她们,是否也意味着我们甚至连自己都不尊重呢?

⊙迷信思维。思路是这样的:我是"优秀""正确""独特"的——因此我"值得"获得瓦尔蒙或罗切斯特先生的爱——不像那些在很多方面都做得不行的"竞争对手"。

我们的大脑被我们遇到的美女牵着走……花花公子为了第1500个情人而"收心"……男人在第七次婚姻中碰到真爱……我们从各个渠道听说了很多这类故事——因此我们没有批判性地思考其真实性,而是单纯地选择相信。这是有可能的,甚至会在生活中经常发生。

既然有人被第1500个情人"收服",就说明他之前遇到的1499个伴侣都不够好,现在他终于找到了最值得付出的那个。也就是说,如果我们"非常努力",用尽各种办法"争取与其他女人不同",就配得上拥有这样的奖励。

⊙不加甄别地相信男人说的话。"我和其他女人话不投机。""她们只知道说:'给我买这个吧,给我买那个吧。'""她们在床上无趣得像根木头。"我建议姑娘们对这些话保持质疑,并立即熄灭内心的骄傲和臆想的优越感的火苗。你真的相信只有你一个人能够吸引男人侃侃而谈,并在性爱方面创造奇迹吗?不能把所有女人都限定在目光短浅、贪婪、狡猾的框架里。即使男人曾经遇到过这样的女人,他也遇到过其他类型的！只是后来其他类型的女人也被他贬低了。

当你认同自己已经成为某人眼中的天使时，就已经走上了一条危险的道路。你开始认为，自己似乎真的能够"感化""改造"这个总体上很好，但有些迷失的男人。一段时间后，有些迷失的男人的行为开始变得古怪，你又将此归罪于自己，毕竟他之前那么好，而且就在不久前还那么好！"这是否意味着我不能再'感召'他了呢？""所以我不是那个能够让他'重生'和'第一次歌颂爱情'的人吗？""是他看错了我，甚至……我欺骗了他？"

而当你被他冠以"和其他女人一样"之名时，你就会开始证明自己真的很"特别""值得为他去付出""令他神魂颠倒"……当你徒劳地试图赢回自己被理想化的自我形象（膨胀的自尊）时，你和他就陷入了共同依赖（codependent）的泥潭。

我认为在这件事上的正确态度大概是这样的：

⊙ 你没有"感化"和"改造"他。这是他的个人选择和责任。
⊙ 你不是完美无缺的女神，没必要膜拜自己。
⊙ 你没有"改造"男人的能力和权利，男人应该自我激励。
⊙ 你既不比其他女人好，也不比她们差，你就是你。如果爱，请爱最真实的自己，而不是你幻想出来的缺乏人性的假人。
⊙ 其他女人和你一样，值得拥有爱情和友好对待。

万能小贴士：远离那些把你理想化，同时激起你与其他女人作比较的男人。

6.为什么我们之间没有浪漫和崇拜？

> "您说过施虐者迷惑受害者时会给她灌迷魂汤——崇拜她，赞美她，说她浪漫。但是，在我和施虐者的这段关系中，施虐者对我非常严厉。这是不是说明，他不是自恋者？"

首先，如果你认为他对你的态度是一种虐待，那么无论他是不是自恋者，这对你来说又有什么区别呢？怎样称呼折磨你的人，又有什么关系呢？最重要的是，要清楚这种虐待的危害，避免这种人介入你的生活。

其次，对于施虐者来说，诱惑对方并不是他的目的，他采取这种强制措施的目的是打造出完美的受害者。如果没有诱惑的必要（例如，受害者能够很快迎合他，甚至主动与他交往），那么施虐者不会采取诱惑对方的手段。

施虐者谄媚地巴结一个受害者，却对另一个受害者很严厉，我们不该由此得出这个受害者比另一个"更好"，更值得被特殊对待这样的结论。无论你是哪种人，与施虐者产生亲密关系，都会受苦。

现在我们来聊聊"严厉"的诱惑。严厉的施虐者不会低声下气，不会理想化受害者，他是严厉、阴郁、寡言的——这就是为什么我们认为他严肃、正派、可靠——例如电影《命运的捉弄》中娜佳的未婚夫伊波利特以及电影《莫斯科不相信眼泪》中的果沙。

通常这种人从一开始就急于"解决你的问题",最初会让你有一种他非常关心你的错觉。他表现出嫉妒、怀疑,想要控制你,对你提出要求(如不能吸烟、不能穿紧身裙等)——"简单的理由是,他是男人,而你是他的女人"。

一起吃饭时,他不问你想吃什么,而是直接给你点菜。或者他收走你的身份证明,然后在你不在场的情况下通过某种方式向民政局提交结婚申请书(真实案例)。但是你并没有被这样的控制行为吓到,而是心都融化了:"这才是真正的男人!不多费口舌,决定了就去做!而且我什么都不用考虑,躲在他身后让他为我遮风挡雨就好!"

同时,你可能会对被教训、被管束感到不安——就像娜佳讨厌伊波利特经常攻击她"生活不规律""轻浮",时不时要求她证明自己的清白。但是,总体上来说这个男人是"认真的""正面的"——而她一度想尽各种办法讨好他……

在我看来,这样的施虐者还有一个优点——他对爱情很专一。是的,他可能曾经离过婚(妻子通常有外遇),但是他没有多少性伴侣。"他会忠于我"——我们总是会这样想。可不是嘛,致命的忠诚,就像希斯克利夫对凯瑟琳一样[1]。直到爱人死去,他也没能获得内心的平静。

---

[1] 英国作家艾米莉·勃朗特的长篇小说《呼啸山庄》中的人物。——译者注

7.他刚开始讨厌我,后来爱上了我

> "刚开始,我们之间的一切都和您在书中描写的不一样。他讽刺、嘲笑我。后来在公司的一次聚会后,他突然送我回家,我们的关系开始转变。原来他之所以采取恶劣的态度,是为了引起我的注意……"

确实,有时攻击者的敌意会先于"浪漫关系"到来。想一想电影《女孩》中的菲利普·杜普莱西斯和安吉莉卡、伊利亚和托西亚。攻击者会攻击你,揭示你的弱点,测试你对不同类型暴力的反应,以及你应对暴力的原则。

在大多数情况下,这种现象是有意无意间发生的,他可能事先没有做任何计划。但是,由于某种原因,你"激怒"了他,就这样,他表现出自恋性嫉妒和(或)自恋性羞耻。也就是说,你在浑然不觉的情况下,伤害了他——例如,托西亚严重打击了伊利亚的傲慢自大,公然拒绝与他跳舞,甚至不停地抱怨他的举止。

无论如何,从厌恶开始的感情,都非常危险。在双方关系发展的过程中,受害者会很快形成斯德哥尔摩综合征[①]——施虐者一旦给

[①] 斯德哥尔摩综合征是一种防御心理机制。主要是指受害者受到不良对待,或者对所处环境产生恐惧心理后,会对施害者产生一种特殊的正向情感,例如同情、认同、想要帮助施害者等,继而受害者会对施害者产生一定程度的依赖和信任,甚至会反过来协助施害者。——译者注

了你一点点甜头，你就会非常感激，认为"他实际上并不坏"。请注意，从这一步到狂风暴雨般表达爱意——只有半步的距离。

一般来说，在施虐关系中受害者经受的创伤越严重，其处境往往越危险，而且施虐者施虐后越"温和"，受害者往往越快形成斯德哥尔摩综合征。破坏双方关系的方式多种多样。这是汤姆·索亚和哈克贝利·费恩[①]之间的一段对话："强盗不会杀女人，只是把她们关起来就够了。你可以摘下她们的手表，拿走她们的身外之物，但是对待她们，你要摘帽以示有礼。在接下来的日子里，女人会渐渐对你产生好感，在洞里待上一两个星期后，她们也就不哭了。在她们习惯了洞里的生活后，你把她们带出去，她们甚至会折回去，径直返回洞里。"

明白这是怎么回事了吧？暴力对待，但是会脱帽行礼。这就是为什么"小姐和恶霸"的故事总是经久不衰。

电视剧《冒名顶替者凯瑟琳》中有这样的情节：变态人格者叶梅利扬·普加乔夫当着一个女人的面吊死了她的丈夫——一个拒绝效忠恶棍的军人。死了丈夫的女人恶狠狠地向普加乔夫的脸上吐口水，普加乔夫残忍地强奸了她。第二天，我们看到这个被强奸的女人成了普加乔夫的新欢。她送他上班，带着点心去看他，拥抱他，并嘱咐他早点回来。女人有这种转变，真的太可怕了……

《午夜守门人》中有相似的情节：集中营里的囚犯露齐娅在靠出卖肉体生存的边缘游走，让她活着还是死去——权力掌握在强暴她的人马克斯手中。由于地位严重不对等，露齐娅的心灵出现扭曲，她

---

① 美国作家马克·吐温的长篇小说《汤姆·索亚历险记》中的人物。——译者注

爱上了他。

　　爱上施虐者，这是典型的斯德哥尔摩综合征。露齐娅和塔季亚娜别无选择，只能爱上施虐者。大多数人遇到露齐娅和塔季亚娜的境况，会不会也是"别无选择"？因此，了解斯德哥尔摩综合征，了解施虐和受虐是怎么一回事，才能避免这种不健康的关系在我们身上发生。

　　所以，放之四海而皆准的道理是：如果你和一个人的关系是从敌意、贬低或任何暴力行为开始的，那么接下来这层关系也不会变好。这个道理不仅适用于爱情，也适用于其他所有关系。

8.他喜欢我，但是很害羞

> "我们公司有一个男人，从种种迹象看，他真的很喜欢我。有时候感觉我们就要捅破窗户纸了，但是短暂的交谈后又重新回到原点。下一次亲近又要等到几个星期或几个月后。
>
> "闺密跟我说，对方怕我，她觉得我应该主动出击。我应该主动吗？他怕我什么呢？如果他真的怕我，有时候他为什么会有战胜恐惧的力量？"

你看过苏联电影《泰米尔呼唤你》吗？电影中有这样一个奇怪的人——安德烈·格里什科，由叶甫盖尼·斯特布罗夫饰演。他似乎爱上了柳巴，在柳巴面前很害羞……此后他消失了一年，杳无音信，后来又重新来到莫斯科，深夜给柳巴打电话，但是……电话接通后又一言不发。他可不是14岁的毛头小子，而是个成年男人。

安德烈意味不明的行为让柳巴不知所措，有时甚至是愤怒（在连续三次午夜通电话时沉默不语后）。但是这份"奇怪的爱情"已经让她上瘾了！"神秘"的行为促使我们去探索背后的原因，拼凑出谜题的答案。怪不得奥斯塔普·本德教导我们说："保持神秘吧！你越神秘，就越能牢牢地掌控敌人。"

遗憾的是，电影中安德烈的行为呈现给我们的是极度的害羞，这源于他对柳巴强烈的感情。他属于"为爱结巴型"。但是，安德烈在害怕什么呢？害怕柳巴会拒绝他？但是，柳巴所有的行为都表明她对他感兴趣。

在男女之间的关系中，有时候最难跨出的一步是相互认识的双方拿起电话拨出去——他都勇敢地做了。然后在对方明显给他开绿灯的情况下，他又开始害羞了。这不是很奇怪吗？

写一封简单的像向朋友倾诉一样的信，告知对方自己将要离开一年去外地公干，又需要多大的勇气呢？——毕竟两个人都是地质工作者。但是，安德烈没有这样做，他选择一年后突然在某个深夜打电话——这是什么意思呢？

像安德烈这样的人，喜欢在自己周围打造一群有同情心的"临时演员"。他借一位邻居之口把柳巴叫到宾馆，再把向柳巴解释情况的责任推给另一位邻居，并告诫邻居："如果她走进来笑了，你就对她说：'柳巴，你知道吗？有一个人不爱你。'"也就是说，他已经准备好如何刺痛姑娘的心，而且是借别人之手。

或者常常会发生这种情况：男人用"那样"的眼神看着姑娘，却连一步都没有迈出去。然而他让姑娘捕捉到了这种梦幻、忧郁、热情的眼神，并让她将此解释为强烈的兴趣。

有时候，仅仅有盯视的目光还不够，男人还会时不时抛出一些意味不明、模棱两可的话："《永远不是你的……》，你喜欢"A-Xa"的这首歌吗？"女人从小就被教导"尽在不言中"，这毒害了她们一生。暗示的种子埋进了适宜的土壤，你会想："《永远不是你的……》？哦，我明白了，你说的是：由于我们没有在一起，你感到痛苦、遗憾，但是害怕去解释……"

或者是下面这样的情景。

季玛（聚会中，在跳双人慢摇舞中途歇口气时，温柔地说道）："你喜欢萨沙·彼得罗夫，是不是？"

你："你从哪里知道的？！"

季玛："嗯……他长得不错，个子高，而且还单身……有很多人爱慕他。"

你："但是不包括我。"

季玛："耍滑头……（狡猾地眯着眼，长时间注视着你）不用藏着掖着！"

你："说实话，我对他和对所有人一样！我为什么要撒谎？"

你是否曾与某个男人有过上述对话？从他有意无意透露给你的种种信息看，他对你很有好感，他看似要捅破你们之间的窗户纸，但是由于某种原因他还在犹豫不决，即使你看起来并不像高不可攀的公主。

在发生上述对话后和随后对话的间歇，看到季玛别有深意的眼神，你对这一切有什么看法？你的闺密是如何向你解读季玛的行为的？

⊙ "哦，他问起了萨沙·彼得罗夫……他在吃醋！他绝对喜欢你！"

⊙ "他非常喜欢你，但是他不敢迈出第一步。毕竟你在我们中间是明星一样的人物。所以他在试探，以保证自己不会被拒绝。来吧，你要先下手为强！"

哪种解释更接近真相？唉，哪种都不对。我们来看看，季玛从你们的对话中得到了什么：

⊙他完全没说自己的感受，只是设法向你灌输（强化）他对你感兴趣，甚至在吃醋。也就是说，他在吊你的胃口，让你期待你们之间即将发生的事情。想想毕巧林，想想玛丽公爵小姐[1]和她在最后一幕舒展的笑颜。

⊙在对话过程中贬低了无辜的萨沙·彼得罗夫，萨沙显然是季玛自恋性嫉妒的对象。

⊙尽管是开玩笑，但是你落入了圈套（陷入了用谎言编织的陷阱），你几乎剖白了自己，让他相信你不喜欢萨沙，而且你没有说谎。

简单地说，季玛获得了自恋资源，这助长了他的自大（因为你显然更喜欢他，而不是出色的萨沙！），而你——据说是他热恋的对象，还在暧昧期——在等待的过程中就会满脑子产生疑惑，这些疑惑会发展成令人疲惫的思考：为什么我们会陷入僵局？我是不是把他吓跑了？我是不是太傲慢了？

与季玛的谈话、他的眼神，往往被视为隐蔽的表白，而作为回应，你往往会对这个人产生强烈的兴趣，甚至坠入爱河。就这样，你掉进陷阱后，他开始收网。每天早晨，你醒来后都会想：今天他会不会向我告白……今天……但是什么也没有发生。就这样过了一个月、半年、一年，漫漫无期。

---

[1] 俄国作家莱蒙托夫的长篇小说《当代英雄》中的人物。——译者注

第1部分
花与果

这个男人向你投来火热的目光,有时是深深的叹息,有时感到难为情,但是你潜在的浪漫遐想仍未消退。有时你很想结束这一切(还没有开始呢!),但是随后又燃起了希望,游戏继续。你在脑海中幻想了无数遍,但是现实中什么都没有发生!

⊙ "他喜欢我吗?无论怎么看,都是喜欢的呀!"
⊙ "他是在看我吧?他火热的眼神都快把我的身体烧出洞来了!"
⊙ "我们约好了一起散步是吧?是的。但是他提前两个小时取消了。哎呀……"

于是,你开始自我反省,并试图把这一切合理化——每个女人的痛点不同,理想化的做法也各有特点。

⊙ 对自己的长相不自信的女人,会寻找自己身上的缺陷并"改正"。"新的口红配上酒红色的套装,他肯定无法抗拒!""怎么,他又裹足不前了?""哎呀,我还有什么缺点呢?"
⊙ 习惯于"拯救"男人的女人,会探寻他的精神和性创伤,思考如何温和地把他从创伤中解救出来,变得不那么容易"被吓跑"。
⊙ 有的女人会怀疑自己是不是太被动了,是不是应该开门见山。
⊙ 有的女人觉得,他害怕与她所谓的众多仰慕者竞争。毕竟他最近问起了她的仰慕者,所以必须让他相信没有情敌。

简而言之,每个女人都相信,再努力一下,俩人的关系就会破冰。这就是施虐者的"来,再跳一下"游戏。一些女人就像鼻子前挂着胡萝卜的驴。后果是什么？后果通常是受到严重的精神伤害。

可悲的是，陷于无果的等待中的女人往往被视为"恋爱脑"。用贝拉·阿赫玛杜琳娜的话说就是"莽夫不识英雄"。大家不知道的是，我们已经尝试过一百次放弃这段关系，但是这个人又通过以下手段给了我们希望：

⊙ 意味不明的目光和模棱两可的暧昧话语。
⊙ "极具内涵"的触碰。
⊙ "跑偏了"的约会……

如果某人只是正常地对你失去了最初的兴趣，你会平静地接受，因为他不会再点燃你的激情，也不会再给你希望。而伪恋人会一直吊你的胃口——例如毕巧林，他就深谙此道。

你会将这种行为合理化为他在你面前感到窘迫，大多数人会参与到为"胆怯的爱人"打气的游戏中。但是由于某些原因，他变得越来越畏缩，面对恋人未满（实际上完全不会开始任何浪漫的关系）的情况，你只能独自"推动"。随后你会发现这个人根本不想和你相处，所有的粉红泡泡都是你臆想出来的……

因此，为了不陷入晦暗不明的"爱情未满"中，如果某人没有坚定的追求和告白行动，你就要学会迅速与"他对我有好感"的幻想说再见。

那么，可以主动出击吗？可以，不过要做好被拒绝的准备。长痛不如短痛，一下子就喝下苦口的良药，然后结束暧昧的关系，总好过被不存在的感情折磨数月，甚至数年。

9.我感觉自己好像被催眠了

> "现在想想刚开始我与他的关系,我好像被他催眠了。他天生就会催眠,还是特意去学的?"

你感觉在双方的关系中自己好像被催眠了,情绪完全不由自己掌控,但是你又不明白原因是什么。或许施虐者自己也不明白,他怎么会像哈梅林的老鼠一样,一听到笛声就自己跳进了河里。①

其实这并不十分费解,中间也没有超自然的东西存在——施虐者凭直觉学会了镜像游戏,锁定自己的猎物,并为猎物量身打造一面"镜子",从而达到催眠的效果。他乐此不疲地学习各种搭讪和操控技巧,这些习惯和特点大概可以追溯到他的原生家庭。但是,不管他是在怎样的环境中成长起来的,你都没有义务牺牲自己为他找借口。

在"迷惑"一章②中,我描述了施虐者如何给我们带来获得灵魂伴侣的幻觉。一言以蔽之,在施虐者探索和实施迷惑措施的过程中,你通过他提出参与性极强的问题,将自己的情况和盘托出,这是非常危险的做法。许多受害者在被诱惑后,感动于对方与自己如此契合,惊叹于对方能够模仿自己的语言、口味、习惯,甚至面部表情!然而,受害者忽视了一点——这一切都是对方的预谋。

---

① 出自格林的童话《花衣吹笛手》。——译者注
② 出自我的第一本书《恐惧吧!我与你同行》。——作者注

以上情形属于自恋性融合，就好像你感觉自己被催眠，被"吸"进了对方的体内，与对方融为一体，而且你还有一种奇怪的欣快感。任何有这种经历的人，即便只有一次，也会明白我说的感觉。

当一段关系以闪电般的速度发展时，当你没有时间也没有机会去睡觉、思考（"组合拼图"）时，自恋性融合也会起到催眠的作用……就像睡着了一样！在被迷惑的阶段，施虐者实际上是"黏"着你的。即使分隔两地，你们也会不断地联系。他简直是一刻也不放过你：无休止地发电子邮件、打电话，问关于你一举一动的问题（你梦见了什么？你今天吃了什么？你做了什么？你打算做什么？等等）……

起初，你对这个人在你生活中无处不在感到惊讶，但是你很快就习惯了他每天给你发上千条信息，或者睡前煲三个小时电话粥。所以，当施虐者在试探阶段第一次突然消失时，你会感到恐慌……

10.我无法忘记最初几星期的欣快感

> "我从来没有像我们相识的前几个星期那样兴奋和激动过！为什么呢？一个残酷、空虚的人怎么能在我身上唤起前所未有的情感？"

这是典型的自恋性迷惑——你在几天或几星期内疯狂地迷上了这个"残酷、空虚"的人，即使你没有爱上他，但是你仍然有一种迷恋感——简而言之，你被这个人"迷住"了，到了忽视对方人品的地步。

这种状态很容易让你上瘾——一种"瘟疫"式的兴奋、陶醉。你不想睡觉，没有食欲，而且精力旺盛。你突然瘦了，又突然"容光焕发"……你感觉内心有一股从未有过的力量突然爆发！

上述状态是身体对理智还未意识到的危险的反应，直觉已经给身体下了指令。我们的内分泌系统对危险的反应是将肾上腺素释放到血液中，从而引发体内一连串复杂的化学反应。

如果一只流浪狗朝你狂吠，你会受到惊吓，身体会对肾上腺素的一次性释放作出反应。而当一只狗不停地狂吠时，情况就完全不一样了。也就是说，你会持续受到惊吓，肾上腺素会大量释放到血液中，致使你浑身颤抖、心跳加速，甚至开始失眠、茶饭不思、暴瘦，身体会用这种"欣快感"补偿焦虑和紧张。有趣的是，这种欣快感有时候仿佛可以比得上洗完一场泡泡浴后的那种享受状态。

一段时间后，这种欣快感会被相反的状态取代，大约等同于第一次被泼冷水，热情会陡然下降。随后，感情又一次升温，接着再次跌入深渊，如此反反复复。这就是剧烈的情绪波动！想象一下内分泌系统在你的体内以突击模式高速运行，做出完全不符合生理规律的180度转弯，你会怎样呢？所有这些歇斯底里的生化反应，耗尽了你体内的能量。

不幸的是，你的身体会以某种方式进行自我保护——它会越来越熟悉跌宕起伏的情感体验，最终变得适应。这就是为什么情感成瘾如此难以克服，因为它在很大程度上是一种生物学机制上的成瘾（addiction）。

有一种观点认为，一个成瘾于跌宕起伏的情感的人，将无法再次体验到健康情感的快乐，因为健康的情感对于他们来说太过平淡。假如他可以克服对某个人、某种活动或某个习惯的沉迷……他也需要另一个人、另一种活动或另一个习惯来填补，否则就会感到空虚和无聊。也就是说，他有可能摆脱一种瘾（"爱瘾"），但是往往会转而抓取另一种瘾（例如，狂热地跑步，或者疯狂地购物，仿佛失去了理智）。

有没有可能摆脱一种瘾，同时又染上另一种瘾呢？可以享受没有"过山车"的生活并逐渐习惯吗？我对这个问题抱有乐观的态度，但前提是他得直面成瘾背后的那个自己，找出自己内心缺失的东西。

11. 他是我的全世界

> "我们开始约会才两个月,但是我好像已经对外界的一切失去了兴趣。我不再锻炼身体,也没有时间学习文案写作课程……我现在所说的所有话题都是关于他,周围的朋友开始对我敬而远之……是我太爱他了吗?爱情刚开始时总是这样吗?"

恋人们对自己的恋爱对象产生好奇和关注,是人之常情。但是,如果你长期只专注于对方,只想谈论对方,对与对方无关的话题都不感兴趣,即便你参与别的话题的讨论,也会显得很不耐烦,这就令人担忧了,因为这种对于对方的专注让你彻底失去了自我。

⊙他昨晚的目光表达了什么意思?如此凝神贯注,但是又有点儿梦幻般的感觉。

⊙他说一艘运送牛油果的货船在大西洋沉没——此后两天他都没有发信息,这是什么意思?

⊙他昨天在社交网站上发布歌曲是为了告诉我或全世界什么信息?

在恋爱中,许多人迷恋上了占卜,好奇于对方的各种神秘做法,这种强烈的好奇心占据了他们生活的中心,导致他们失控和焦虑。

我的亲身体会是，当我在生活中接触到捉摸不定的"奇怪的""矛盾的"人时，我总是寄希望于拿牌占卜——我真的很想知道具体事实，所以把牌四散摆开……结果我更迷惑了。

执着于占卜是徒劳无益的行为，"特殊"爱情的受害者在面对误解、含混不清的眼神和"别有深意"的话语时，仿佛在黑暗中徘徊，她一头扎进去就很难爬出来——她在占卜上花的时间越多，谜团也随之增多。

然而，在大多数情况下，即使与你讨论的人明白在你身上发生了什么，并试图向你解释，你也常常会拒绝相信他。你总是更倾向于将对方的行为作合理化解读，这让你更加无法看清楚复杂表象下的浅显道理。

因此，你不必惊讶于自己没有时间、精力或兴趣去做对自己很重要的事情，当一台"自恋之泵"与你紧密相连时，它将抽干属于你的能源——时间、精力、金钱、健康……有时甚至是生命。在这种情况下，如果你仍然不关闭管道，抽吸就会永不停止。

12.他要求我注销社交账号

> "他说,既然我对待我们之间的关系是认真的,就必须注销自己所有的社交账号,尤其是没必要与其他男人联系。我不同意他的做法。他这才'松口',说我可以继续使用社交账号,但前提是必须删除所有的男性好友……
>
> "我试图向他证明他们只是我的普通朋友,而不是'前任'或'现任'男友。但是他坚持说,如果我拒绝他的要求,就说明我还没有准备好进入一段认真的关系。现在我不知道该怎么办了……"

施虐者正是通过提这种要求达到孤立你的目的——包括社会孤立(social isolation)和身体孤立。骗子经常试图将受害者从他们熟悉的环境中转移出去,把他们放在陌生的环境中,让他们感到不舒服——《权力的48条法则》的作者罗伯特·格林写道:"在这种情况下,人们变得更加脆弱,更容易受到欺骗。因此,孤立可以成为压制意志力的有力工具。"

你越孤立无援,你的生活就越以施虐者为中心,施虐者就越能成为你的全权掌控者。你越孤立无援,就越没有机会呼救,也更难以离开施虐者。

我们来看看施虐者是如何"清理"你周围的关系网的。例如,施虐者会突然因为你的闺密"好色"而大发雷霆,说她会对你有不好的影响，并坚持要求你给她打电话断绝友谊。虽然施虐者的做法没有边界感，但即使是最理智的人，有时也会在其施压下妥协。

有些施虐者采用的方式比较"柔和"。例如，他会间接地吓唬你周围的人，让你跟与你亲近的人互相对立；他会搬弄是非，编造谎言，勾引你的闺密（让你相信她们"背叛"了你，然后使你们开始争吵）；或者你和朋友说好了一起出去玩，但是他在最后一分钟搅了局，让你的天平向他倾斜，因此你决定不再和朋友出去玩；或者他摆出一张臭脸，对每个人都冷嘲热讽，或者意味深长地一言不发；或者你去见朋友，但是15分钟后，他却歇斯底里地要求你回来，然后你甩开朋友，急匆匆地赶到他身边……想想看，三番五次地发生这种不愉快的事情，朋友还会忍受你多久呢？这就是把孤立受害者的手段一点点地渗入受害者生活的做法。

有时候施虐者还有更让人狂躁的招数，例如，让你频繁地从一个区搬到另一个区，从一座城市搬到另一座城市，迫使你与重要的人分开或者辞掉自己喜欢的工作，让你失去支持、鼓励……甚至切断你的经济来源！

所以，当对方干涉你的社交的时候，你就应该警惕，因为随着时间的推移，你的交际圈会越来越窄——施虐者会越来越觉得自己是你生活的主宰。说到这里，我想到一个戏剧性的例子，在简·里斯的《藻海无边》这本书里，罗切斯特先生就是通过孤立自己妻子的手段摧毁了妻子——这个曾经充满活力和温暖，充满爱和渴望被爱的女人……

你在警惕施虐者干涉你基本权利的同时，还要让对方贬低和指责你的企图落空。如果对方在干涉不成功后说你轻浮和不值得信任，就让他去找一个"不轻浮"且值得信任的伴侣吧！

不幸的是，有些女性真的同意了施虐者的要求，她们认为切断与异性朋友的联系，甚至切断与单身女友的联系，是想要认真发展这段关系的证明。然而事实并非如此——正常的社交活动和爱情一样，是每个人的需求和权利，真正爱你的人会尊重你而不是操控你。

对于那些以"在我面前证明你是真诚的"为幌子偷看你信息的人，你也应该断然对他说"不"。这是一种强烈地贬低你，企图突破你底线的做法。即便没有任何秘密要隐藏，每个人也都应该有权利保护自己的私密领地不被侵犯。

你采用断绝与异性联系等方式向毫无边界感、控制欲极强的恋人证明自己的纯洁和真诚，这本身就是一种错误的做法。你会陷入一个自证的死循环，并且你是在不断满足对方的贪欲。你要清楚地知道，他是被试图羞辱你的欲望所驱使，而不是真正怀疑你的忠诚。在他看到你按照他的规则行事（自证清白、给他看你的聊天记录等）后，他就会将给你的压力升级，变本加厉地羞辱你。

13. 我焦虑不安

> "我遇到了一个男人。我们见了几次面,似乎没有发生令人忧虑的事情。但我还是感到有些不安。我是不是在杞人忧天?"

事实上,如果你从一开始就坐立不安,隐约感到焦虑,这肯定是要出问题的迹象。尽管你说服自己"似乎还没有让我们焦虑的事情",但事实上,它很可能存在,而且已经被你的大脑和感官扫描到了。毕竟,大脑和感官会发现最细微的差异和欺骗的气息。你在非常微妙的层面上感觉到"有些不对劲"。

想想电视剧《清算》中的安东尼娜,她开始跟踪她看似无辜的同居男友克雷切托夫。她不是无缘无故跟踪他!她的内心捕捉到了很多地方不对劲的信息,并产生了让自己焦虑的反应,感觉到了危险。但冬妮娅(安东尼娜的小名)以自己足够的想象力和生活经验解读了这些信息:她认为克雷切托夫出轨了。事实证明,情况远比这糟糕得多。

当你只是模糊地感觉到"哪里不对劲"而没有证据时,你通常会:

⊙打消自己的怀疑,暗自嘲笑自己。可能是由于你对自己内心产生的莫名的反应感到害怕,甚至到了怀疑自己理智的程度。

⊙ 接受自己的焦虑并开始"调查行动"。

为了审视自己的怀疑是否有道理，或者是否是神经质的焦虑，请记住，首先你有这种感觉非常正常。我的逻辑告诉我：

⊙ 如果你以前没有这种感觉，那么这不是"妄想狂"的表现，出现这种感觉是有原因的。

⊙ 如果你以前出现过这种焦虑和怀疑，就想想自己为什么会焦虑和怀疑，最终发现了什么可疑的事情。你真的发现自己怀疑的事情了吗？那么，这一次也要相信自己的怀疑。

⊙ 如果你在一段关系的开始阶段总是焦虑不安，就规定：随着自己了解对方，再慢慢地接近他。这将是你的附加"保险"。顺便说一句，慢慢接近对方这个规则，对任何人来说都不多余。

总之，没有人百分之百地告诉你，你的担心是徒劳的，或者你应该担心。但我认为焦虑总是一个让你"冷静下来"、加快步伐的信号，要尽可能清醒地观察自己生活中发生的事情。

14.我的腿骨折了,但是他不理不睬

> "我认识了一个男人,我们一见钟情,很快就恋爱了。在相识的前三个星期里我们形影不离。后来我的腿因出车祸而骨折……面对我的伤情,他反应非常冷淡。他没有同情,没有问我是否需要帮助——什么都没有!
>
> "在我受伤卧床的一个星期里,他没来看过我。我给他打了电话,他的语气听起来好像对我所遭遇的一切漠不关心。我不明白,他对我的爱情去哪里了?"

根据你的描述来看,这是一个有移情问题的人——他对你面临的问题和经历无法给出相应的反应。

之前他明明表现得很爱你,很迷恋你!但是你出了车祸,腿骨折后——这个人最多只是说些陈词滥调表达同情,没有给予你实质性的帮助,也没有给予你精神支持。在你遇到困难的时候,那个"疯狂地爱着"你的人就这样消失了。随后他重新出现,仿佛什么事都没有发生过——又变成了那个只会说甜言蜜语的爱人。这是不是令你很费解?尽管真相一目了然,但我们还是倾向于否定自己的不适感,并为对方的这种态度找一大堆"合理"的理由,例如"我们还不是很熟悉,想要他做出更多实际的行动还是有点过分"等等。

在施虐关系的最后阶段(榨干你,甩掉你),施虐者往往是在

你最困难的时候将你"榨干"。例如,我的一位读者被诊断出患有癌症,手术后勉强恢复了意识,她试图给她的爱人打电话,却收到了一条"滚出我的生活"的信息。

我的另一位读者在腿部复合性骨折(compound fracture)后,一度挣扎在死亡线上,她被遗弃在五楼的公寓里,没有食物吃,又动不了。曾与她同居的爱人不仅躲得远远的,还打电话恐吓她,取笑她的绝望处境,诅咒她会在痛苦中死去。

15.我向他剖白我的内心感受

> "我从来不认为自己是一个轻信别人的人,所以从来不会对别人袒露心声。但是,后来我也不知道是什么原因,跟他刚认识几个星期,我就把自己的情况和以前从未告诉过别人的事情都告诉了他……我仍然很难相信他如此背信弃义,利用我的坦诚对付我……"

确实有这种情况:当你遇到施虐者时,他身上仿佛有超乎寻常的魔力,吸引你去忏悔,导致你向他透露以前不愿意向他人谈及的秘密。之后,你开始懊悔,因为你亲手把关于自己的不雅信息(丑闻等)透露给了这个坏人。

是什么让你对不十分熟悉的人敞开心扉呢?这似乎是"心有灵犀"在起作用,你似乎遇到了那个不能也不想向他隐瞒内心秘密的"对的人"。

我们来看看这位施虐者的问题吧!他通过提出参与感极强的问题,通过坦率的回应(可能根本不是坦率,而是假装坦率,以此来撬开你的嘴),刺激你剖白自己的欲望。

这样,施虐者就获得了你不可对外人道的信息,例如,童年时期遭受的虐待、非常规的性经历……简而言之,就是你不想对外告知的事情。

随后，当你"行为不端"、企图分手或者向他人求助时，施虐者会利用你的坦诚对付你。他会威胁说要泄露你的秘密，达到让你屈服、沉默、提供物质"好处"和其他实质性让步的目的。施虐者非常乐意看到你流露出困惑和恐惧的表情。他喜欢看你在他面前哭泣，乞求他保守秘密，并由此获得自恋资源。从法律层面来说，这已经涉及敲诈了。

虽然大家早就知道，在施虐者第一次敲诈时，就应该扼杀他的企图，但是许多人害怕"激怒"对方。这是可以理解的，因为有时候会发生施虐者威胁说要将你的不雅照片发给你的朋友，或者将你们的关系告诉你的丈夫等事情。这时候你不能因被恐吓而忘记了原则，不能被他"吃定"，而是要想办法逃脱这种虐待和控制。变态人格者只"敬畏"力量，必要的时候你应当拿起法律武器保护自己。

16.是改变性格，还是选择分手？

> "我和一个男人约会，他承认他爱我、欣赏我，但是有一天他突然对我说，要么你改改自己的性格，要么我们分手。
>
> "我选择了分手，因为我觉得性格是一个人的重要组成部分，改变性格就是背叛自己。
>
> "但是现在我想知道，假如我的性格真的很差，正常人会让我改变吗？还是说这是施虐者惯用的伎俩？我认真审视了自己的性格，觉得并没有问题，我对自己的性格很满意，也比较爱自己，可是他认为我过分在意一些鸡毛蒜皮的小事，并且认为我太直率，他觉得我的性格让他很恼火、很生气。"

依据我的经验判断，如果有人告诉你，说你的性格不好，那就意味着你是一个有脾气、有个性的人。而一个有脾气、有个性的人，对于操控者来说是不舒服的，他自然希望你为了照顾他的感受而作出改变。

好的恋人不会用最后通牒让伴侣屈服。他要么包容并接受伴侣的某些特质，即使这些特质不那么讨人喜欢；要么选择与伴侣分手，去寻找更适合自己的人，毕竟任何人都不能绑住他，让他跟你分手。可是施虐者偏偏喜欢"对女孩进行收容教育"（或者改造）！

注意看，这位女性的男友认为她有一些不好的品质：性格直、注重细节、愿意把事情说清楚、尊重自己的个性。施虐者在这样一个有个性的伴侣身边会很不自在，因为她不好被控制。

施虐者会温柔（起初是温柔的！）地建议伴侣改变自己，这恰恰是令人忧心的信号，说明他没有把她当作有独立人格的人对待，而是在试图塑造他想要的某种"理想伴侣"。在健康平等的亲密关系中，不需要运用皮格玛利翁①效应。姑娘们请记住：在施虐关系中，迷失自己是从第一次妥协开始的。例如，如果你不是由于自己决定戒烟而戒烟，那你就是被对方认为的"理想爱人"这个概念操控了。

---

① 希腊神话中塞浦路斯王国的国王、雕塑家，他迷恋自己雕塑的少女像。——译者注

17.准备好为爱人提升自己了吗?

> "我们刚开始是在一个交友网站上聊天,那个人让我列出自己的优点和缺点,问我是否愿意改掉缺点,是否愿意为爱人指出的任何缺点努力改变。这算不算施虐?"

他正在试探你的底线,而且是相当直接地试探。这个人试图弄清楚你有多强烈的意愿为另一个人打破自己以往的思维和认知,重塑自己,先他后己,牺牲自我……你是否讲原则,你的原则有多牢固。也就是说,你在多大程度上是一个爱自己并接受自己的完整和成熟的人。

如果你顺着由他引起的关于你缺点的谈话继续聊下去,就说明他的试探已经成功了。施虐者会意识到,可以"训练"你。

施虐者谈论你的缺点,是为了弄清楚你的态度,找到你的弱点。随后,他会利用这些信息对付你。"你自己说过,你想改掉懒惰的习惯。而我只是想帮你战胜懒惰,所以我坚持让你在早上四点起床,做一顿有三道菜的可口早餐。"

施虐者擅长打着"改造"和"善意"的旗号,按照自己的喜好"改造"伴侣,并盘算着怎样利用你的优点和缺点。改造往往伴随着破坏和毁灭他人的欲望,这种欲望正是基于自恋式嫉妒和权力欲。一个尊重对方个性的人,不会带着"改造"对方的欲望进入一段关系。用心理学家米哈伊尔·利特瓦克的话说,与"半成品"开展一段关系,是心智不成熟者的选择。

18. 六点半，七点半……
他还没来

> "跟我男朋友在一起，我很难计划任何事情。例如，我们被邀请参加一个6点开始的聚会，我们说好5点半他会来接我，结果5点半了他还没到，但是他打电话说自己立即就到。此后他就完全失联了……结果，他9点才到！聚会泡汤了，我心情很差，朋友们也很生气。请问这是施虐吗？还是说他原本就是这种性格的人？"

今天早上很开心。

你说6点钟过来，我们一起去跳舞。

我准备了一整天，我已经厌倦了打扮。

6:30，7:30——你没有出现。[①]

没有责任心、不可靠，可以被看作他贬低你的一种方式。这个人让你浪费时间，让你担心，让你在别人面前感到不受欢迎和愧疚，打乱你的计划，让你失信于朋友……时间长了，你会完全失去对自己生活的控制权。你不知道明天是否要去度假，或者……你自己的婚礼能否如期举行。

---

① 奥夫先科的歌曲《我的太阳》的歌词。——作者注

在施虐关系的一开始，施虐者会用迟到一小会儿的手段试探你，同时他会给出看似合理的理由："老板让我加班了""堵车了""搞错了见面地点""路边没有停车位"等等。随着时间的推移，施虐者迟到的情况会越来越严重，而且不再向你道歉，甚至不再提前通知你，如果你打电话过去询问，也总是面临无法接通的情况。

施虐者迟到的目的大概有两个：第一个是他对你无意识的贬低（在去你那里的路上，他遇到了一个朋友，与对方去了酒吧，所以把你忘了）；第二个是他在实施有计划的控制策略。有许多朋友在给我的来信中讲到自己遇到的施虐者，他会掐着时间在角落里观察对方在原地徘徊着等他，当对方打算离开时，他又刚好"奇迹般"地现身。是不是有种玩猫捉老鼠游戏的感觉？施虐者是自恋自大的猫，而你是那个被他锁定的猎物——老鼠。

需要注意的是，要将施虐者的迟到与因个性（如患有精神分裂症、自闭症）造成的迟到区分开来。判断标准如下：你在直觉上不会把他的迟到总结为你不够好、不够有魅力，你清楚地知道这不是你的问题，而是由对方不受自己支配的某种病症造成的。而且他不是变本加厉地越来越"不按计划"行事，在他意识到给你带来了困扰后，他会向你表达歉意。同时你接受他的这种特殊性（可以接受……也可以不接受——这是你的权利），最多只是略微感到厌烦。

例如，聚会定在下午4点开始，你已经做好了准备，但是叶戈尔和维拉像往常一样下午5点才到，整整一个小时里你都在房子里打转，烤肉在烤箱里熟过了头。你又赌输了，早就知道他们不会在下午4点前到，因为叶戈尔无论去什么地方从来都没有准时过！也就是说，你差不多在下午4点40分之前准备好就行了。

又或者，给我治病的一位医生迟到了一两个小时（这不是他有意贬低我，我清楚地知道这是他独有的心理机制）。他做事细致，慢条斯理，他在规定的接诊时间内没有安排好，就不会准时出诊。因此会有一些病人抱怨他，没法和他打交道。而他却能成为我信任的人——他足够专业，而且非常细心，同时他是非常具有同情心的医生。所以，我在知道他不会按时给我诊断的时候，就会在候诊时提前计划自己的休闲时间——例如，随身带本书。我不知道自己是否能和这样的人生活在一起，但是对于业务关系来说，如果是值得付出的，我就可以容忍。

再说一次需要引起你警觉的"迟到大王"的破坏性行为：一开始他很守时，可是慢慢变得越来越不守时——他并非总是迟到，而且他的迟到并非对所有人都一视同仁，而是有选择性地迟到，这个时候你会由于他的迟到，产生非常明显的被羞辱感。

19.他告诉我,别人在说我的坏话

> "我男朋友经常把别人说我的坏话告诉我,我总是很不高兴。他为什么要这样做呢?我没有做过对不起他人的事。这些人真的对我有这样的看法,甚至告诉我的男朋友吗?他们是想让我的男朋友对我产生反感吗?"

这是许多施虐者实行的一种微妙的贬低方式。

⊙奥尔加·彼得罗夫娜对你只有35岁感到惊讶:"我还以为她已经四十多岁了呢……"

⊙谢廖加根本不懂女人的美!他在公园里看到我们,说:"你怎么能和那个瘦骨嶙峋的女人上床?"

⊙我妈妈很喜欢你,但是她说你有点儿胖,如果将来生完孩子那得胖成什么样?

通常你会认为,这些来自别人的评价,说的都是真的,然后开始审视自己的"缺点"。"我真的看起来很老吗?""我是不是太瘦了?"就这样,你开始自我反省,动摇对自己的评价。然而,这只是开始……

事实上，有时候那些所谓的"他人的意见"往往是施虐者编造出来的，目的是"文明地"贬低你，而他却装成局外人。他跟你说，不是他这么评价你，而是谢廖加和奥尔加·彼得罗夫娜这么评价你。同时他会告诉你，他对你绝对满意，他只是想让你了解那些傻瓜对你的看法。

不过，有时候施虐者会鼓励他人对你进行批评性评论。

⊙奥尔加·彼得罗夫娜，昨天开会后前来找我的是我的女朋友，你猜猜她多大了？30到32岁？不，她只有28岁，她只是看起来很成熟。

⊙谢廖加，我不知道怎样摆脱你昨天看到的那个跟我在一起的女孩。很漂亮，是吧？不过你应该近距离看看她，或者看看早上没化妆的她……

我们来看一个经典情景：莱蒙托夫用情网牵制叶卡捷琳娜·苏什科娃，对她说三道四，挑唆人们取笑她的"脸色苍白、瘦弱和衰老，以及她身上所具有的圣彼得堡女孩的共同缺点"，还有她对他的迷恋，好像他是了不起的大人物。但同时他又用热烈的"爱情"和所谓"共同的美好未来"哄骗苏什科娃。

上小学时，我曾认为真正的朋友就应该百分之百坦诚——在他听到别人说关于我的坏话时，他应该告诉我。但是，在我有了一定的人生阅历后，我不再有这样的需求，因为我明白这没有必要。对别人评头论足是人的天性，我们无法左右别人如何评价我们，我们也常常会对他人评头论足，所以，所谓"别人的坏话"，真的有那么重要吗？

20.在向他表白后,我的噩梦开始了

> "我把对他的感情隐瞒了很久。我凭直觉知道,如果我向他表白,他就会感觉自己对我享有控制权。果然,在一次情绪崩溃时,我告诉他我爱他,后来一切就向着糟糕的方向发展了。是不是由于他已经拿捏了我,才放松了对我的控制?"

当你向施虐者承认你爱他时,往往会成为"真心话时刻",随后他会认为自己开始对你享有了控制权。你勇敢地承认爱他,却没有料想到自己已经陷入一场被操控的游戏。如果你将自己"从身体到内心"都交给对方,变得"低眉顺眼",甚至低到尘埃里,他就会提高施虐的程度。或许施虐者根本不知道爱情本来的样子,他通常会想方设法让恋人完全依赖他,同时实施"奴役"。而你的表白在他听来就是你发出的自愿被奴役的信号。

在你表白后,施虐者的感受通常会是怎样的呢?他心中会涌起一种胜利的喜悦和强烈的自大感,但是也会伴随着某种恐惧、厌恶、蔑视和失望。施虐者为什么会出现这种分裂的情绪?因为他往往无法爱自己,所以他也不相信你对他的爱,他甚至怀疑你是不是在通过表白操控他,以使他卸下防备。

毕竟,自恋又自大的施虐者根本不知道该如何回应你对他的爱!

他也不明白这能给自己带来什么好处。但是，如果能够控制你——他才会觉得能获得实实在在的好处。

我的一位读者感受到了一位比她小十岁的同事病态的关注。但这不是重点，毕竟爱情是不分年龄的。关键在于，他先是无理取闹地骚扰她，然后玩起了忽冷忽热的游戏。直到最后，我的这位读者深陷其中——我想任何被这种游戏耍弄过的人都会理解她。她被不确定的感觉折磨得筋疲力尽，甚至到了不得不向对方表白的地步——最终，她鼓足勇气向他表白了！通常情况下，对你有好感的人也会向你迈出关键一步；对你没有感觉的人则会礼貌地拒绝你。而操控者会以蔑视的态度对待你，散布关于你的谣言，并且频繁地骚扰你，离开后又再次靠近你……他会反复无常，目的就是引诱你主动向他坦白你对他的感情。

当你遭受施虐者的戏耍和操控时，一定很难受。但是无论如何，我相信，真诚地表达感情、表白爱意的习惯，于你自身而言没有坏处！你无须因对方的错误而深陷自责，你应该庆幸自己能够主动出击，早早揭开了这个人的真面目。除非你明知真相却仍然深陷误解和痛苦中，否则你应该反思一下自己身上是否也存在一些问题——这些问题正是施虐者选中你玩操控游戏的重要原因。

21.他强迫我看暴力电影

> "一个年轻人骗我去看一部明显由精神不正常的人拍摄的艺术片,我差点儿吐了。随后他又缠着我看一部关于疯子的纪录片,尽管我一再跟他说我不想看。可以认为这是施虐吗?"

大概可以判定这就是施虐,因为对方坚持让你和他一起看一部让你觉得非常不舒服的影片,而且这种情况已经不是第一次发生。这种类型的施虐行为被称为"间接欺凌",对方像吃了某种兴奋剂一样,很乐意看到你表现出惊吓、厌恶、愤慨等负面情绪。

我有一个读者,在她感冒还没有好的时候,她的施虐者恋人要求她跟他一起去滑冰,最后她累坏了,可是施虐者恋人还坚持要求她跟他一起去冬泳。假如你服从施虐者的意志,那么他追求权力感的欲望就会被你"喂养"得越来越强烈。

我通常会在正常行为和施虐行为之间画一条界线。例如,在伴侣提议观看影片《不可逆转》(法国创伤片)或《绿色小象》(俄罗斯恐怖片)时,你可以表达拒绝的意愿,并对他说明自己看此类影片会感到恶心和厌恶。你表达的拒绝信息明明白白,足够正常的恋人理解并支持,他会收回自己的提议,也不会对你的反应评头论足,不会说出你是"娇小姐""村姑""理解不了精英电影的精髓"等嘲讽言语,更不会通过劝诫或发出最后通牒的方式强迫你继续观看。而施虐者以及潜在的施虐者,在你明确表示不想看的时候,会强行拉着你一起观看。这是一种心理不健康的表现。

22.我等着他再次向我敞开心扉

> "我和男朋友同居了八年,我一直在等他向我求婚,但是他每次都会找各种理由搪塞过去。我想离开他,而且已经把分手的想法告诉了他。可是,后来他在出差途中给我写了一封语气特别温柔的信……我读完信后,简直不敢相信自己的眼睛,我太感动了,甚至开始自责。他写的这封信让我意识到,他以往所有的冷淡都不是真实的!实际上,他对我充满了温暖、爱意和情感!
>
> "于是我耐心地等着他回来,以为我们之间从此会破冰。但是,回来后的他仍然和以前一样,一切都是老样子。我没有离开他。我想自己仍然期盼着他能像给我写那封信时一样对我敞开心扉,并让我感受到浓浓的爱意。直到现在我也想不明白,他表现出截然不同的两面,究竟意味着什么。"

这意味着什么?这是一场令人作呕的情感糖衣秀。施虐者总是能找到各种办法拖住你:施苦肉计、哄骗、往你身上泼脏水、"经济制裁"、启动环境侵略……你的男朋友似乎想要在"两幅面孔"上做文章:你知道他"冷淡",非常渴望获得他的温情——现在他就把自己的温情和敏感展示给你看,好让你继续充满希望地和他在一起——再拖你几年。

这已经是老掉牙的把戏了，甚至他写给你的情书都是来自他人的代笔，或者他将自己在互联网上搜索到的一些词句摘抄下来，拼凑成了给你的那封信。托尔斯泰的《战争与和平》中就有类似的情节：多洛霍夫为"闷葫芦"阿纳托尔代笔，给娜塔莎·罗斯托娃写了一封暗含操控意味的甜甜的情书。

我的一位读者与他的施虐者男友分手后，就收到来自对方的几条消息，文字非常温暖、柔情，于是她回复了他。可是她最后发现这些消息是他的亲哥哥写的，是施虐者"噙着鳄鱼的眼泪"表达虚假的悔意并请求他哥哥帮忙写的。

甚至有些施虐者人群中有专门代笔的"秘书"，如果有某个哥们儿想要拿捏住某个女人，"秘书"会有偿帮他写一封"百分之百有效"的情书，用"优美"的文笔俘获她。

在互联网上，我们很容易就能找到一些情书的模板。当然，其中大多数的内容都品味低下，字里行间透露着虚情假意。但是对于没有尝过爱情的甜蜜，或者没有被施虐者迫害过的女性来说，即使是"泡沫爱情"，也会成为她们心灵的安慰剂。

23.有时候加我为好友,有时候又拉黑我

> "我和男朋友是通过社交网站认识的,我们在互联网上聊了三个月,虽然目前彼此还没有见面,但我们是在认真交往。然而他的行为很奇怪,令我有些担忧。例如,有时候他会把我拉黑,然后再次添加上我。有几次我回复他消息时,突然发现自己被他拉黑了。但是他在添加上我之后又向我保证说,他并没有拉黑我,也不明白怎么会发生这种事情。他说肯定是网络出了故障,但是这种故障出得也太频繁了。
>
> "一旦我对此刨根问底,他就会生气,说我不信任他。如果说我在无缘无故怀疑他,我怎么会说我们是在认真交往呢?您觉得这是非常严重的施虐警示信号,还是我在'刁难'一个正常人呢?"

虽然拉黑好友和添加好友不是你们这段关系中唯一的警示信号,但我们还是从这件事说起。

先把你加为好友,后又删除你,或者把你拉进黑名单,抑或取消之前的"点赞"——这都是不正常的行为。一个坦荡而理智的人,在交往中往往情绪比较稳定,他喜欢或不喜欢你,都一目了然,不会让你像猜谜语一样困惑。

想想看,一个经常点赞又取消点赞的人,他的生活该是多么空虚

和无趣，不断变换好友和关注的名单，好像吃饱了撑的一样！

因此，我给你的另一个建议是：不要再跟那些曾把你从好友名单中删除或者拉黑你的人联系了。……然而，在你的故事中还有其他警示信号——你们已经在互联网上谈了三个月的恋爱，还没有见过面，你能确定你们是在认真交往吗？这其实是一种幻觉。真实的情况是，你不了解对方，对方也不了解你。

借口网络出了"故障"是典型的煤气灯效应，是在颠倒黑白，出一次故障还勉强可信，多次出故障简直是开玩笑。你仔细想一下，为什么你的好友中只有这个人在跟你聊天时网络频繁地出故障，其他人怎么没有遇到这种情况？

而且这个男人还试图责备你，让你由于不信任他而感到羞愧。这也是一种操控。毕竟你完全有理由不相信他……

24.我总是怕惹他生气

> "从交往的一开始,我就觉得他有点儿过度敏感,我一不小心就会惹他生气。我小心翼翼地对待他,但还是会惹他生气,现在我甚至不敢对着他呼吸……这种敏感是病态的吗?还是说我心肠太硬了?"

很明显他确实过度敏感,和这样的人在一起,你总是会产生莫名其妙的负罪感。尽管你努力把所有事情都做好,但是面对这棵"含羞草",你还是得"蹑手蹑脚",最后搞得自己身心疲惫。所以,如果有下面这些迹象,就表明他是一个过度敏感的人。

⊙你注意到自己说话开始"斟字酌句","绞尽脑汁想话题",非常"谨言慎行"。

⊙你们的沟通不再是自然和自发的,或者你们之间从来没有过自然和自发的沟通。

⊙你感觉与他交往就像在雷区里行走。

⊙你经常做"错事",说话的语气"不对",表情也"不对"。

⊙你无缘无故想道歉……

他会从你的负罪感中受益,因为你在不停地赎罪、赎罪、赎罪……

说到受益，我不是说这个人是有意为之。更多时候，连他自己都不明白为什么自己周围有那么多"没有分寸"和"冷酷无情"的人，旁人做的事只会带给他痛苦！"过度敏感"型自恋者对所有事情的反应似乎都有一种切肤之痛，即便是最温柔的接触，也会引起他的痛苦和愤怒。

惊讶吗？是的。我们中的很多人都能想象到"教科书式"的施虐者形象——自以为是、傲慢、刀枪不入，但是"每个虚荣、自大又自恋的施虐者，其内心都住着一个以自我为中心、害羞的孩子；每个抑郁、自责的隐形施虐者的内心，都隐藏着对自己应该或可以成为什么样的人的宏大愿景"——心理学家南希·麦克威廉斯如是说。

简而言之，施虐者的内在心理和外在表现可能大相径庭，"脆弱"、隐形的施虐者的举止可能会蒙蔽我们的双眼。他的行为表现是：

⊙自嘲式地咆哮（用最粗野的话辱骂自己）。

⊙贬低自己（有时也会自夸）。

⊙郁闷地自言自语。其间你想"拥抱他"，"为他哭泣"。

⊙虚情假意地坦白。你会把他无休止的"精神的脱衣舞"视为对你特别的信任。

⊙暗示或公开求助于你，祈求你拯救、温暖他，"为他照亮或指引道路，或者带他走向坚实的幸福，抑或给不知道希望为何物的他以希望"……

如果没有经历过与上述情况类似的亲密关系，隐形施虐者的行为会让一个有同情心的人急切地想要安慰和鼓励他，并对他身上出现的问题感同身受。随后，你会给他以金钱和感情的投喂，因为你想要温暖这个被不公正地对待和被残酷地折磨的人！

停！这是一个陷阱。你对这个表演者不断地付出，但是最后还是成了他口中冷酷无情、自私自利的人，天知道你简直是把他捧在手心——而他却说，你在他伤口上撒盐。

需要注意的是，我们有必要区分正常情况下的敏感和不健康的过度敏感。正常情况下的敏感者，其表现是心思细腻，他们自爱并且拥有爱他人的能力；而隐形施虐者的过度敏感，则源于他们对自己或他人的不正确看法，他们没办法客观理性地看待世界。

25.和他在一起不好,但是没有他会更糟糕

> "一个月前我认识了一个男人,跟他确立了恋爱关系。仅仅几个星期后,他身上的问题就一个接一个地暴露出来:他曾因犯抢劫罪入狱两次,而且是个瘾君子。但是他说这些已经是过去的事情了。
>
> "我由于无法接受他的状况而决定跟他分手。但是离开他后我非常难过,满脑子都是他。一星期后他联系到了我,我再次回到了他的身边。和他交往,我感觉很害怕,但是不和他交往,我的感觉会更糟糕。我该怎么办?"

你感觉害怕,这很正常,其实你很清楚自己的处境非常危险,因为你已经清楚地看到了许多警示信号。在你知道对方有抢劫的前科以及他是个瘾君子的事实后,就应该果断地离开他。可是你依然选择回到他身边,这当然是危险的做法。

你刚和他在一起没多久就感到害怕了?以后你会更害怕。随着病态依赖的迅速建立,想要脱身会更加困难。其实一星期前你们吵架时,是你离开他的最佳时机,当然现在离开也不算晚。你越早果断地离开,就能越快开始真正的幸福生活。

如果你想成为自己人生的主人,而不是随波逐流的浮木和他人手中的玩物,就应该从被动状态的藩篱中挣脱出来,走向有自我意识的

生活。

在我看来,你应该警惕觉得有问题并已经带给你伤害的任何感情。发现这段感情明显不正常,而且威胁到自身安危的时候,还允许自己"毫不犹豫地屈从于这段感情"——这是很幼稚的行为。如果你不主动去解决问题,问题就不会自动消失,甚至会越来越严重。

26. 他说"你瞎了",然后就消失了

> "他耍了一个奇怪的把戏。他给我发短信说:'我决定了,就这样。'我问他:'什么决定?'他说:'你瞎了,我不会告诉你我作了什么决定,也不会再和你联系。'
>
> "我很愤怒,删除了他的联系方式。但我还是一直好奇:他作了什么决定?我哪里瞎了?!"

很明显这是幼稚的操控行为。对方扔下语意模糊(或者毫无意义)的几句话后,就和你绝交了。你以为他真的会彻底从你的生活中消失吗?当然不会!他很快就会再次出现,他想看看你是否"反思过自己的行为",是否愿意更加顺从和"善解人意"。在他说出"你瞎了"后,他希望你对此产生疑惑并恳求他说"人话",甚至希望你表达忏悔之意。

这是"有改造意义"的绝交。他这样做的目的在于:

⊙ 让你绞尽脑汁琢磨他的"神秘"暗语,探寻他的言外之意,把注意力放在他身上。

⊙ 让你内疚。诚然,你不清楚为什么,但是你越去了解语意不明的话中可能包含的意思,就越会陷入自我怀疑。

⊙在俩人的关系中建立某种等级制度。如果山,也就是你,最后去找了穆罕默德,那么穆罕默德最终将会成为你们之间关系的"主宰者"①。

遇到以上情况,我们应该如何应对呢?

在他还没有说完的时候就打断他,或者直接忽略他说的话,把主动权掌握在自己手中。

接下来会怎么样?对方给自己设定了等待的期限,如果你仍然保持沉默,他就会主动出现在你面前,好像什么事情都没有发生过。这说明他屡试不爽的手段没有奏效。到目前为止,你们的比分是0∶0。

但更多的情况是,你试图打破现状,而对方则享受着你的绝望,以冷暴力处之,最后他会以更加傲慢的态度对待你。1∶0,对方胜,你由此进入了言听计从的阶段。

---

① 出自《古兰经》中的故事。——译者注

27.你不想知道我出了什么事吗?

> "我在社交网站上认识了一个男人,刚认识的一个星期里一切都很好,后来他突然不再联系我。他不联系我,我也没有联系他。
>
> "一天后,他给我发消息说:'我明白,我以后不会再打扰你了。'
>
> "我回复他:'?'
>
> "他回复说:'你不想知道昨天我出了什么事吗?谢谢,已经不用你担心了。'
>
> "我没有回话。我不打算再和他交往了。他用这种方式操控我——我可不吃这一套。"

恭喜你!你立即就会明白,这个人是在"试探性"绝交,以测试你对他的失联会有什么反应。

他想看看你是否会好奇他为什么不再联系你;提出绝交是他吓唬你、刺激你的手段。只要你肯开口问他,他就会顺着你的问题跟你聊下去。

根据你问他的问题,他就能判断出你害怕什么,以及害怕的程度——你只是想问他有没有事,还是想弄清楚这一切的原因?如果你愿意去了解他失联的原因,说明他对你来说很重要,他的行为对你很有影响力。一旦施虐者确认了这一点,他会更加疯狂地控制你。

> 第1部分
> 花与果

或者你会立即怀疑是不是自己在某些方面冒犯了他,这是施虐者非常喜欢看到的情景,因为内疚的受害者非常容易被操控。

在第一次试探后,施虐者通常不承认这是真的绝交——如果真的绝交了,他策划的大戏该怎么演下去呢?所以,对方提出绝交只是操控你的第一个环节。施虐者会给出一个看似合理的说法,让你相信他提出与你绝交只是一时糊涂——虽然你隐隐觉得有些奇怪,但还是选择继续相信他,同时他暗示你不要大惊小怪。请注意,这就是煤气灯效应!

这家伙回复你的话术通常是:"我明白,我以后不会再打扰你了。"这句话的言外之意是什么呢?是"赶紧挽留我"。如果他真的不想再打扰你,是不会莫名其妙地说这些狠话的。

如果这一招也不好使,施虐者会试着指责你对他冷酷无情、漠不关心,而且会再次试图让你自证不是这样的人。

最后我要说,你真的太棒了!我绝对同意你的做法——不吃他这一套。因为一旦你介入他制定的游戏,就会渐渐失去自我,下一次绝交的时间会更长、情况会更严重,直到悲剧真正发生。

28.他没钱吃饭了,我想给他五千块

"我们约会了两个星期,后来吵了一架,一个星期没有说话,昨天他发信息说他被检查出患上了艾滋病。他说:'我们分手吧!'可为什么我竟感到愧疚,觉得丢下患病的爱人很卑鄙。他拒绝治疗,我想劝说他积极接受治疗。

"我让他给我发一张诊断书的照片,他说他从老家返回莫斯科时没有随身携带诊断书。这倒也说得通:为什么要随身携带这东西?

"我们在电话里谈了很久,我因同情他而哭得很惨,他坦白了一切,也没有问我要钱。他只是提到,他还有五百卢布,可以用两个星期。于是我主动提出给他五千卢布:这对我来说只是小钱,可对他来说却是雪中送炭。"

种种迹象表明,你很可能被骗子骗了,他的目的就是骗你的钱。他的确没有直接问你要钱,但是我猜他一定非常了解你,他清楚你很容易被他引导去"主动献身,主动提出帮助他",所以他还有主动向你要钱的必要吗?

他笃定你会拿钱给他,因为他知道你"善良又天真"——从你简短的来信中,我就看出了一切。你说你感到愧疚,因为你觉得丢下患病的爱人不管很卑鄙。你还没有确认他说的情况是真还是假,也没

第 1 部分
花与果

有确定与他是不是恋爱关系,你就哭得如此惨,还主动给对方钱花。他认定你是一个"圣母"[①],知道你很容易为了一些根本不归你管的事情负责——他的"治疗费"和花销有着落了!他以患病为借口蓄意敲诈你,而你却认为这是诚实的做法;他没有提供诊断书,你也为他找到了合适的借口。你认为自己有义务说服他接受治疗,担忧他的吃饭问题。你将自己带入了拯救者的角色!

施虐者以操控你为目的,向你提出分手——你认为这是他人品正派和关心你的表现,其实这是"以分手为借口威胁你"式的操控!他清楚地知道怎样才能让你陷入强烈的内疚中。

请你告诉我,你们刚认识才两个星期,有什么事能让他完全从你的生活中消失?他又有什么必要把诊断结果通知你,还要立即提出分手?

被骗往往就是从你认为的"只是小钱"的五千卢布开始的。我的一位读者就遇到过类似的诈骗,她被她所谓的"未婚夫"骗走了五百万卢布,而且这笔钱中的大部分是她贷的款……

大家在电视节目中看到这类故事时,往往会羞辱和唾弃受害者,很有同情心的评论员甚至会居高临下地说:"你怎么会这么蠢?难道你没有意识到这是骗局吗?!"直到最近,这个被骗走五百万卢布的女孩还是没想明白:"我不明白怎么会这样,我一直非常肯定这样的事情不可能发生在我身上。"是的,很多受害者被骗后的第一反应和这个女孩一样,她们无法相信这样的事情会发生在自己身上,一开始她们会将被骗的事情合理化,有选择性地忘记这个事实,因为承认被

[①] 原是对有神通、有地位的神话女性的称呼,这里是指一心向善、舍己为人的女性。——译者注

骗就等于承认自己很蠢。

看被骗女孩的故事，你会发现骗子最擅长在不同的阶段换着花样拨弄受害者的心弦。

⊙刚开始会勾引女孩（伪装成有正经意图的成功商人），并探查她的财务状况。

⊙然后是经典的试探阶段：借一笔小钱，过几日连本带息还款。这让受害者放松了警惕：她认定借款者是个正派的人。

⊙然后用苦肉计（暂时没有钱给心爱的马治病，它可能会死掉）敲诈一大笔钱。然后再采用"送假礼物"操控法，表面上送给女孩一辆汽车，但是……大部分的贷款挂在女孩名下——当然，他会说"这只是暂时的"！

⊙女孩开始对"未婚夫"产生怀疑，想与他分手，但是又担心失去这份"假礼物"——而且她完全没有还贷款的能力。就这样，她继续与"未婚夫"保持婚约关系……即便内心有怀疑，但是也只能任凭自己一错再错，直到不容忽视的真相摆在眼前。

骗子通过操控受害者，包括赤裸裸的恐吓、勒索和抛出小小的"糖衣炮弹"，给受害者带来了一丝丝"希望"。受害者会觉得如果自己表现得足够"好"，就能感动对方（也就能要回自己的钱）。

发生在被骗走五百万的姑娘身上的事情，也有可能发生在每一位女性身上。一旦你"通过测试"，把第一笔钱转给对方，之后你的钱就会像水一样流进对方的口袋，当你意识到被骗时，你已经身无分文甚至负债累累。

29.三个星期后他搬来与我同居

> "我与一个交往了三个星期的男人同居了,我没想到我们的关系发展得这么快。同居是他提出的,他说,既然我们是在认真相处,就应该同居。如果我不愿意同居,他就说我在玩弄他,没有把他当成未来的丈夫,这就是一段没有承诺的关系。不知为什么,我很慌,于是就投降了……"

虽然恋爱在刚开始"进展迅速"并不是施虐的前兆,但是我们在实际交往中,还是要注意不要把步子迈得太大,老话说"不怕一万,就怕万一",就是这个道理。

而且很多实例也告诉我们,有"毒"的关系通常都是迅速地发展的。无论是善于理想化的自恋者,还是精于算计的反社会型人格障碍者,都擅长通过操控的手段对你进行狂轰滥炸,让你没时间思考,然后尽快把你"罩进他的网中"。

这种"暴风骤雨式"的做法常见于商业活动的洗脑营销中——启动事先准备好的操控机制,让消费者"立即"作出决定,否则积分会被清零,活动立即就要结束……面对这种急切催着你作决定的施压,我建议你直接说"不"。对方的催促越急切,套路往往就越深,也就越可疑。正常情况下,销售人员会合理地说服你。

我们回过头来看看这个男人是如何"说服"你的。我们暂且把"爱情"抛开，先理智地分析一下其中隐藏的问题：以我过往的情感咨询经验来看，这个突然闯入你领地的男人，大概率需要你的照顾，甚至需要你提供经济援助。对方打着"认真相处"的旗号，先试探性地进入你的领地，然后一步一步实施他的操控计划，而且你或许只是他众多目标中的一个——施虐者擅长"广撒网"，如果他在你这里遭遇挫败，就会去其他女性那里重复这一套操作。

目前的情形是，你同意了对方关于同居的提议，也就是你来信中所说的"我投降了"——这很危险，一旦你跟随对方的节奏，就会开始失去自我，而这只是控制与被控制的第一步。

30.他已向我求婚，但是又绝口不提结婚

> "我们约会了两个星期，他向我表白并求婚。我觉得他是个正经人，于是同意了他的求婚。然后我搬到了他家。我们一起生活了两个月，他没有再提过结婚的事，我多次暗示，他却像听不懂的样子。就这样过了三年，我实在无法忍受，就直接找他摊牌。他给我的回复是，当初求婚是认真的，但是他还要确认我能不能成为一个好妻子，并给我列了一长串要求……我们还有结婚的希望吗？"

通常情况下，施虐者会很快向被锁定的目标开出"未来会结婚"的空头支票，但是随后事情就"莫名其妙"地陷入了僵局。为了让女孩相信很快会兑现承诺，施虐者会酌情送一些"有意义的"礼物，但是对于何时结婚，他还是闭口不谈。

婚前另一种常见的情况是长期约会——六年、八年，甚至更长时间。在这期间，施虐者总是在"找感觉""慢慢来"或"考虑备胎"……通常在这场"马拉松"式的恋爱中，施虐者既想着快点结婚，又喜欢长时间吊着受害者。

"吊着受害者"还表现在，这个人会时不时抱着一种"耐人寻味"的态度出现在受害者的生活中，一次又一次地向受害者承诺他们的美好未来。莱蒙托夫就是这样对待瓦尔瓦拉·洛普欣娜的，直到有

一天瓦尔瓦拉·洛普欣娜厌倦了这种不明不白且没有结果的恋情，于是她嫁给了别人。后来莱蒙托夫以洛普欣娜为原型创造了"据说已经被毕巧林爱了很久"的维拉·里戈夫斯卡娅公爵夫人这个人物。记得上中学学到这篇课文时，我的老师也讲到毕巧林爱着维拉·里戈夫斯卡娅，但是我一直觉得哪里怪怪的——毕巧林爱着曾结过婚的维拉·里戈夫斯卡娅，却无论如何不娶她。

引诱你进入一段你想"认真对待"的关系，却不结婚，这是施虐者的一种表现形式，我把它称为"施虐式自由同居"。"自由同居拥护者"通过理想化的口头承诺让你为他疯狂，而你信以为真，搬去和他同居……可是之后的情形是，你逐渐变成他的"全职保姆"、他家里的"多功能机器"——并且你看不到未来。在这种情形下，施虐者往往会这样做：

⊙不断地对你提高要求，和你玩"在驴的鼻子前挂胡萝卜"的游戏。

⊙贬低你的价值，让你内疚于自己还没有好到可以令对方想结婚的程度，如果你足够好，他就会立即娶你为妻！

⊙回避"你们彼此是什么关系，你在他生命中是什么地位"这类问题。

⊙禁止你谈论相关话题（"你们女人怎么总是开口'关系'，闭口'关系'的，没别的话可说了吗？"）。

⊙说你想套牢他，逼他娶你，想做他身上的"寄生虫"。

⊙不断地改变他对你们之间关系的看法（有时候说你是最好的女人，是他未来三个孩子的妈妈，有时候又说你"不是他喜欢的类型")。

⊙说你们只是性伴侣,没必要遵守一些承诺(尽管你们不是因为性而在一起的!)。

⊙说激情已经消失,他不再爱你,但是"由于某些原因",他没有离开你,或者只是短暂地离开你。

⊙说还没有想清楚是否需要你,他"还没有弄清楚自己的感情",还不知道是否爱你,说不定五年以后能弄清楚。

⊙说他正在和他的朋友(妻子)闹分手(离婚),所以你还要再等他一段时间。

⊙明说或暗示他正在考虑你和其他候选人,你不应该"心急",要等待他作出选择。不要同意参加这种"选拔",不要上他的"候选人名单"!

⊙他赌咒发誓地说明天结婚都可以,但是"没有钱"——他想办一场华丽的婚礼!或者他说想把公寓装修完,"这样才可以好好生活"。我能说这些都是借口吗?

女人经常犯的错误就是,想赢得"自由同居拥护者"的爱,不断地猜测他的喜好,满足他刁钻古怪的要求。其实真相一目了然,这样做的男人根本不爱你,他爱的只是他自己。

所以,你是想当棋子还是赶紧离他而去?

31. 他会娶她吗？

> "我的好朋友和一个男人共同生活了三年，她在等他求婚。这个男人每星期都有两三次鬼混到天亮才回家，经常有人看到他和其他女人在一起，而且他动不动就消失三天三夜。目前他已经和其他女人一起飞到了塞浦路斯。我朋友知道情况后大哭一场，但是她还是选择了原谅。她觉得很丢脸，于是跟踪了他，还向他父母告状。你觉得他还会娶她吗？"

哦，你提的这个问题真是出乎我的意料！我还以为你会问其他问题。

我第一时间想到的答案是：根本不可能娶她！但是仔细想想，倒也不排除其他可能性。

在长达数年的时间里，他让这样一位隐忍、病态成瘾、有斯德哥尔摩综合征、做梦都想被求婚的女朋友当"备胎"。和他在一起，她注定什么都得不到。

在这段时间里，施虐者可能会不断地"兜圈子"，例如他在与她交往期间与其他女人（很多时候是多个女人）藕断丝连。举个例子：叶赛宁在与世界级明星伊莎多拉·邓肯交往时，闪电般地甩了加琳娜·贝尼斯拉夫斯卡娅，而在和邓肯分手后，他又回到加琳娜身边，可是不久后他又一次离开了她，迅速与大名鼎鼎的索菲亚·托尔斯塔亚（列夫·托尔斯泰的长女）结婚了。

想知道我的想法吗？如果叶赛宁在1925年12月的危机中幸存下来，他会再次回到加琳娜身边，他们的"童话"会继续下去——加琳娜将这种关系称为"童话"（他对她家暴，明目张胆地欺骗她，花她的钱，住她的房子，在她的房子里举办私人酒会）。

所以，我认为，你在留言中提到的这个放荡不羁的男人很有可能还是会和你的好朋友结婚。

他心想，我还能上哪里找到这样对我百般体贴、什么都肯顺着我的女人呢？她经受住了严酷的考验——没有像其他女人那样离开他！她是"适合结婚的女人"！之后他会更加为所欲为，因为他知道她无论如何都离不开他。

32.有不贬低的施虐吗?

> "我男朋友从来没有贬低过我,相反,他夸赞我很漂亮。但是有时候和他在一起,我还是会感受到被忽视、被虐待。这是为什么呢?仅凭自己的不适感就能认定他是施虐者吗?"

许多人将贬低简单理解为对方对自己外表和能力的批评,这比较片面。贬低是多方面的,不仅存在于对你的身材、外貌等外在条件的冷嘲热讽,还有其他表现形式。我们来看几个例子:

⊙ "男朋友邀请我周末去另一座城市旅行。一开始我很开心,但是,在我知道他给自己订了豪华套房,却给我订了标准间后,我感到非常难受,甚至觉得自己很贱。"

⊙ "他来接我的时候,副驾驶位那里总是堆满了东西,然后他开始懒洋洋地收拾东西,我像个傻瓜一样站在车外很久,每次我都因这个问题而生气,可是他一点要改变的意思都没有。难道他就不能早点把座位腾出来吗?"

⊙ "他在大街上发神经,然后独自离开了,把我丢在一个陌生的地方,还带走了我的证件和银行卡。这让我感觉糟透了,我不理解他的夸张行为。"

⊙ "每当我想做些特别的饭菜,取悦我丈夫时,他就像是刚刚吃

第 1 部分
花与果

饱了一样，故意拒绝吃我做的饭。我感觉我和我做的饭菜都遭到了嫌弃。为什么我努力把每件事都做好，却总是得不到正面回应……"

⊙ "我抓到他在我睡觉时拍摄我的裸体。我认为做这种事必须先征得我的同意。"

⊙ "我们俩之间经常发生这种情况：我走近他，拥抱他，他只是双手下垂站着，好像不知道我也在等他抱抱我。每当这个时候，我都会觉得自己在胡搅蛮缠，惹人讨厌。"

以上这些情况是不是变相贬低呢？我认为肯定是。施虐者通过这样或那样的贬低，使你产生自我怀疑，这表明他并不尊重你的感受，也不真的爱你。这时候你该作何打算呢？我想你已经很清楚了。

33.他不暴力,但是我身上有瘀青

> "他平时并不粗暴,但是在我们亲热的时候,他喜欢在床上勒住我的脖子,有时候我身上还会留下瘀青,他似乎感觉这样做非常刺激。我很严肃地跟他说,他这样做让我很害怕,但是他回答说,任何女人都会认为他能在床上引起情绪风暴……这是变态的施虐,还是正常行为?"

根据你的描述,对方很享受让你痛苦的快感,这表明他有施虐倾向。关键的问题是,你能接受吗?如果你不能接受,就要好好考虑要不要继续这段关系。目前我给你的友情提示是,在暴力变得明显(变成殴打)之前,你必须及时、明确地作出反应。我们来看看明显的暴力有哪些:

⊙ 把你锁在房间里、阳台上和车里。

⊙ 限制你行动自由的任何行为(包括通过暴力方式抓住或制住你的手)。

⊙ 特殊的"玩笑"(捏、推、踢、弹、挠、抓鼻子或耳朵等)。

⊙ 他达到"性高潮"的表现让你很不舒服,导致你很疼痛,或者出现瘀伤和其他身体问题。

⊙ 经常性的"无意的笨拙",使你的腿被擦伤,头发被拉扯,或

第1部分
花与果

者手臂被挤疼。

⊙生气时会激烈地爆发，如摔家具、碗、花盆，或者向你扔东西，即使不是向你扔，也是擦着你的身体扔。

⊙故意（或经常性地）损坏你的物品、图书或文件。例如，他撕毁了你的一件他很"讨厌"的衣服。

其中还包括施虐者对你的物品做出"有仪式性的行为"。例如，我的一位读者来信告诉我，她发现自己的布娃娃被伴侣拴着脖子吊起来，于是她向我求助该如何面对这种情况。我认为这是一个危险信号，有可能是对方借着布娃娃试探你心理底线的一种手段。我的另一个读者也有类似的困惑，她来信说，她在自家厨房里发现了伴侣放在那里的"装置"：一只鸡身上插着一把菜刀。无论是被吊起来的布娃娃，还是被插菜刀的鸡，这些足以令一个正常人毛骨悚然。

⊙虐待动物。如果动物在接触对方后伤口有"可疑"之处或者不明不白死亡，一定要保持警惕。

切记，不要等到事情发展到很严重的程度才开始警惕。施虐者将他的猎物直接打个半死的情况极为罕见，任何严重的虐待都是从"小事"开始的，然后暴力逐渐升级。

当他第一次对你轻微施暴（被弹脑门或者亲热时被掐脖子）时，你就应该坚定地拒绝，并警告他如果下次再开这样的"玩笑"，或者这样表达"性高潮"，你就会离开他。

如果这个人基本上是正常的，只是有点儿不知深浅（有时候一些人并不总是知道"游戏"的界限），他会在你断然拒绝后认真思考你说的话，并向你表明他会学习按照你喜欢的方式与你相处。所以，姑娘们，不要害怕拒绝男人，好的爱人会因你爱自己而开心，也会满足你的合理请求，而施虐者只顾自己是否舒服。

34. 我开始害怕过各种节日

> "我发现自己害怕过节,对节日的到来没有任何喜悦之情,只有焦虑。因为他肯定会给我某些'惊吓':他要么喝醉了,要么不回家团聚,要么对着来客恶语相向,要么对我做的饭挑三拣四……"

一到过节的时候,他就问题百出、阴阳怪气,喜欢破坏别人的快乐。这是一种什么心理?

我的一位朋友曾遇到过类似的情况,她在国际妇女节的前两个星期与男友讨论度假计划,当时两个人讨论得很开心。妇女节那天早上,她的男友带了两瓶香槟去找她,然后说临时有事需要离开几个小时再回来……直到第二天晚上他才出现,而且喝得大醉。荒谬之处在于,他非常惊讶女友为什么不愿意见他,于是他在楼梯上跑来跑去,大喊大叫,这种发疯行为整整持续了两个小时……在经历了多次这样的事情后,我的朋友终于选择了与他分手。

在过节时违反约定,制造意外丑闻,没有祝福,也没有给你送礼物,或者为了摆脱你的纠缠,勉为其难地在最后一刻送上干巴巴的祝福……或者找各种借口溜走……检查一下,你的伴侣是否有类似的破坏性行为呢?

另一位读者给我讲的故事使我很震惊。她告诉我,她在过节前总是不得不把准备好的食物藏起来,因为她的伴侣曾多次破坏她做的饭。你能想象吗？他会把一整包胡椒粉或盐倒进锅里！然后，他在客人面前叹着气说："我家尼娜根本不会做饭！"

　　为什么施虐者会如此讨厌过节，还无所不用其极地破坏你的心情？我认为自恋性嫉妒是罪魁祸首。当然，问题不是一两天造成的，造成他今天这种性情的原因，得追溯到他的原生家庭，或许他自己也不想这么别扭，但事实是他的确无法给你健康的、让你快乐的感情。

35.他让我帮他还房贷

> "我男朋友要还房贷,经常缺钱。他说,既然我们住在一起,我就是他事实上的老婆,我应该给他装修房子的钱,也应该跟他一起分担房贷。我已经付了水电费和伙食费,房子又不是我的,我为什么要付钱?如果是这样,我还不如自己贷款买房,把钱存起来也好啊!
>
> "我们最后一次吵架是因为我拒绝给他800卢布的健身钱。他骂我肤浅、小气,还说他毕竟已把我当成老婆了……"

在我看来,这是试图对女方进行经济剥削的行为。这个人非常狡猾,他企图用"认真的交往关系""老婆"这些词操控你……听你的描述,你还不至于真的干出替他付装修费、替他还房贷这样的傻事。恭喜你,你没有被"甜蜜的爱情"冲昏头脑。他让你分担他的一切财务支出,还免费享受你的家政服务,却不愿意在房屋产权证上加你的名字,也没有跟你结婚,不为你实际性付出……这种男人就是吸血鬼。

假如你是他的合法妻子,房子由你们共同所有,这种情况下你可以与他一起分担房贷和装修费,因为你知道你们在共同创造看得见摸得着的幸福生活。即便你们后来离婚,你在婚内的金钱损失也由法律为你保障,你不会因被骗而一无所有,起码你能留住属于自己的钱。

目前的情况是,这个男人在跟你耍心眼儿:用你的钱弥补他的财务窟窿,而且并不打算给你任何回报。他负担不起房贷,却能保持良好的个人生活质量(还能去健身)……并且他问你要他所需的健身费用……或许你自己感受到了,这是无赖的可耻行为。

这种例子在现实生活中并不罕见。不少男人在追到女人后就变成了"一毛不拔的铁公鸡",他用你的钱贴补他自己。你能想象到他省了多少钱吗?而他既可以把这些钱花在自己身上,也可以再贷款买一套房子,这些财产都与你无关,你只是他的能量(金钱和服务)补给站。

36.男朋友让我把我的工资交给他

> "男朋友建议我们搬到一起住,钱一起用,而且我得把自己的工资交给他保管。我需要买东西的时候,他再给我钱,因为他说我不擅长理财,总是乱花钱。"

你的男朋友倒真是想得出来!钱一起用?为什么不是你管他的钱,控制他的消费呢?如果你接受了你男朋友的提议,就走上了被奴役的道路。你不仅无法开始学习理财(假如你真的像你男朋友说的那样不擅长理财),还会对他越来越依赖。毕竟他有权控制你花多少钱,有权规定你把钱花在什么地方,甚至给不给你钱还未知呢!你不能自由地与朋友一起看电影,不能自由地买你想买的东西……而且这里的重点是,这是你赚的钱,却还要由他分配给你!

也许到最后,你会逐渐习惯这种把钱交给他的生活。你不觉得可怕吗?

而且很有可能你从"管家"那里也得不到关于你的钱的任何信息,对方不会为你积累任何"盈余",同时他可能会把你赚的钱花在他自己身上,或者悄无声息地"转移财产"。请注意,即使你们已经结婚,按法律规定家庭储蓄属于夫妻共同所有,配偶转移钱财也是易如反掌,例如对方把钱存入他妈妈名下的账户,这种暗箱操作让你防不胜防。

想想看,对方有什么权利评判你的消费行为,控制你的支出,给你

"立规矩"？你是个成年人，只要你能为自己的"粗枝大叶"和"不理性消费"买单，就可以决定自己如何花钱，毕竟那是你自己的劳动所得。

总之，无论你是否结婚，都要保持财务独立。你必须有属于自己的储蓄，以便能在遇到紧急情况时养活自己（和孩子）。根据俄罗斯心理学家米哈伊尔·利特瓦克的说法，只有财务独立的人——无论是男人还是女人——才有资格组建家庭。

我并不反对一起用钱，我对一起用钱抱有正面的态度。在健康的亲密关系中，伴侣往往是一起用钱，而且双方都很高兴。因为在通常情况下，随着双方逐步了解和相互信任，会自然而然地决定一起用钱。也正是基于这样的现实，法律才有所延伸——在这种关系中，法律该怎样保护当事人的权益呢？

一般来说，在健康的夫妻关系中，财务关系可以采用不同的方式组成。不存在经济虐待(economic abuse)的主要标准是，你不会感觉自己被苛待，也不会感觉"剩下的才会给你"，更不会被剥夺购买必需品的钱，不需要在买东西时向对方汇报，而且即使家里缺钱，你也不会觉得需要通过牺牲自己利益的方式省钱。

我总结一下，为什么我不喜欢你的留言中你男朋友的提议：

⊙你为什么要把钱给一个在法律上尚不是你丈夫的人？他提出过让你们的关系合法化吗？

⊙为什么你会自愿放弃财务独立？

⊙虐待举动至少在贬低女人花钱行为的语气中就表现得很明显了。

⊙他再怎么企图隐瞒都隐瞒不住的目的：控制你的支出，从而控制你的生活。

37.承诺给我惊喜,却连祝福都没有

> "男朋友最近几个月来一直在问我想要什么生日礼物,并暗示说将会给我一个大大的惊喜。但是,我生日当天他连祝福短信都没有给我发一条!这算什么惊喜!"

施虐者和礼物,这是一个十分有趣的话题,根据经验我甚至可以总结出他最喜欢送的"让人惊喜的礼物"清单:

⊙没有礼物。出于这个人某种不为人知的乖癖,他总是喜欢忽略诸如生日、新年和妇女节等节日。如果你向他询问缘由,他会说:"我根本不认为妇女节算是节日。"或者说:"是吗?是你的生日吗?那么……生日快乐!"

⊙"其实我准备了礼物,但是现在没了。"他的意思是,他明明好心准备了礼物,但是在最后一刻,你"自己把一切都毁了",所以他"扔掉了戒指",因为你不值得获得任何礼物。

⊙先问你想要什么,然后送你一个相差十万八千里的礼物。例如,如果你不会自己做美甲,他会说:"亲爱的,拿去吧,送给你充满我爱意的美甲套装。""什么,你哪里不满意?你真是不可理喻,别的女孩大概能高兴得跳起来。"

⊙让你对礼物产生憧憬,但就是不送给你。几个月来,施虐者一

直在纠缠你，问你想要什么礼物，想听听你的愿望，用温柔的话语向你承诺，但是，等到节日那天，他却连祝福都没有，更别提送礼物给你了！

⊙ 他把送给他前女友的礼物要回来，再转手送给你。你在他前女友的照片上认出她戴的吊坠后，非常吃惊。如果仅仅是同一个品牌或同一个款式的吊坠倒还好，但这是他从刚分手不久的前女友那里拿回来的吊坠……呃，安娜·阿赫玛托娃担心"我的白色皮鞋可能会被送个遍……"，这可不是杞人忧天。

⊙ 送羞辱你的礼物。送你断茎玫瑰，这玫瑰非常像从墓地偷回来的；送你一件不合身的衣服，尺寸比你身体的实际尺寸大三码。

⊙ 高姿态。这样的人平时喜欢向你和他的其他朋友炫耀自己的富有与慷慨，但是在他送给你一枚卡地亚戒指后，他突然开始对你采取冷暴力，并做出令人大跌眼镜的事，把你贬低成了尘埃，要求你赔他钱。

⊙ "说是送给你……其实是送给他自己的礼物。"他郑重其事地送给你一件东西（例如手机），但是很快就把这件东西拿去自己用了。

⊙ "有意义"的礼物。大多数情况下，这个礼物类似于订婚戒指，但很可能是用电线拧成的……对方将它送给你时，往往用意味深长的眼神看着你，并向你许诺"美好的未来"。你梦想着即将到来的婚礼，同时为了不让对方"反悔""失望"，会非常努力地在他面前表现自己，你多么渴望你们能够顺利"进入婚姻殿堂"。但最后的结果是什么呢？一年过去了，两年过去了，你终于忍不住直接问他，而他的回答永远是避重就轻的瞎扯，例如，"我没有答应你什么。戒指？有时戒指只是戒指，一份普通的礼物而已。"

顺便说一下，一些施虐者还会把这枚"让人惊喜"的戒指当作"过路旗"，在与你吵架后，就把戒指要回去，送给别的受害者。

如何才能不落入这样的陷阱呢？我建议你不要把对方开的任何空头支票当作正式求婚，除非对方具体、明确地向你求婚，有实际行动。即便这样，也不能完全保证你不被欺骗，因为有些更狡猾的施虐者通常不按常理出牌，他就是要给你打造一个真假难辨的世界，让你晕头转向。唯一可靠的是，在你嗅到危险的那一刻，就要作好离开的准备。

许多姐妹出于某些原因，总是认为男人很害羞，不善言辞。她们说，我们应该容忍他们的"支支吾吾"，"抓住"他们的情绪，理解他们的暗示。不是这样的，姐妹们，这对我们来说是充满危险的歧途。施虐者非常擅长作出意味不明的暗示，他是这方面的大师，知道如何轻易地给你希望，让你产生幻想，但是随之而来的是幻想破灭。

在正常的关系中，一切都很自然，伴侣双方毫不怀疑自己在对方心目中的价值，所以求婚时不会做虚假的"面子工程"，而是彼此坦诚，用实际行动让对方感受到被爱和安心。

38. 他让我归还他送的礼物

> "吵架时,男朋友让我把他送给我的礼物还给他。如果我说不行,他就说我太物质了,说我和他约会只是为了占他的便宜。这简直是胡说八道!他总共只送过我一两次礼物,还都是不值钱的东西。请问,该如何应对要求返还礼物的情况?"

在成长过程中,我一直坚定地认为,赠送出去的礼物永远属于被赠予方。所以,当我听到娜塔丽娅·维特利茨卡娅的爆火歌曲《我把你送给我的一切还给你》时,我感到非常惊讶。

为什么会这样?!我不明白。但是随着年龄的增长,经历的事情越来越多,我就越来越能对"他要拿回他的毛皮大衣"或"她还给他绿松石银戒指和一套梳子"这类故事感同身受。

有女性读者经常向我倾吐心声,说对方要求她归还他曾经送给她的礼物。这些女性朋友中有许多人确实会把礼物还回去……我理解你们当时的心情,要求退还礼物让你感到非常厌恶,以至于你想尽快把东西还给那个人,从此远离他。如果你坚持非退还礼物不可,我尊重你的选择,但如果换作是我被要求退还礼物,我才不退呢!送给我的礼物就是我的,礼物的去向只能由我决定——我不想再留着他送的礼物恶心自己,但是我可以把它放在互联网上卖掉,或者捐给有需要的人……或者扔掉!

如果我是维特利茨卡娅,我会唱:"……我不会把你送给我的飞机还给你。"

39.有宽容的施虐者吗?

> "您写了很多关于吝啬的施虐者的文章,而我的丈夫虽然是个施虐者,但是很慷慨。所以,我常常怀疑,我是不是在往一个好男人身上泼脏水,尽管他也有缺点……"

在慷慨的施虐者身上会不会发生这样的事情呢?一个连他人的人格都能"绑架"的人,在各方面都是绑架者。假如他给了你一些东西,那大概率不是出于他的慷慨,而是他想索取更多。

经常有人给我写信说,施虐者送给她昂贵的礼物,但是后来她发现对方送给她的车已经被登记在了赠送者自己的名下,如果她后续"表现得好",对方就会带她去兜风。

最近有位读者给我讲了一个故事:男人"赠送"给他的未婚妻一辆豪华汽车……但是,他把车贷记在了未婚妻名下!而且她还要付给他每天的违章罚款。是的,他的未婚妻从来没机会开那辆车。

一位18岁女孩的妈妈跟我分享了她女儿的故事:"他对我女儿很认真,昨天他给了女儿一张银行卡,里面有3万卢布,说是给她购物用的,但是女儿拿着这张卡付款时,发现无法使用,因为这张卡被冻结了。"这仅仅是巧合吗?我不这么认为。

在契诃夫的《挂在脖子上的安娜》一书中,安娜的丈夫送给了她一盒珠宝,可是丈夫经常打开盒子检查这些珠宝,他要看看这些珠宝是否还在里面——从本质上讲，这份所谓的礼物仍然完全处于他的控制之下，因此不能算作礼物。

有时候，虚荣的施虐者会兴奋地把未婚妻带到珠宝店，请她挑选珠宝，完全是一副贵族做派……但是在回来的路上，他却跟她大吵大闹，然后在一家米其林餐厅丑态毕露——他与服务员发生了冲突，气呼呼地大口吃着鱼子酱，并要求"幸福的"待嫁新娘支付晚餐费。这算不算一种诡计多端的手段？

所以，我在一开始就强调，施虐者送你任何东西，要么是为了诱惑你，要么是企图控制你，总之你会饱尝一段先甜后苦的"恋爱"。施虐者有这些行为，都是为了满足自己的幻想……当你由于银行卡上有5万块钱的进账而惊喜、感动时，有可能这个人同时用此招"慷慨地打动"了十几个受害者。

40.他总是抱怨我做的饭难吃

> "我喜欢烹饪,也相信自己做饭的水平,朋友们都夸我做饭好吃!但是和他结婚后,我就越来越怀疑自己的厨艺。最近我得知他向别人抱怨说在家里吃不到好吃的东西,只有粘在一起的通心粉……"

这明显是在贬低你。你本来很自信,可是在他身边渐渐变得不自信了。

听听这些"玩笑"话吧:"你做的浇汁鱼真烂""做饭不是你的拿手活""我不推荐吃这个粉条,卡嘉今天做的饭不是很好吃""哦,我们薇拉今天做的腌菜,把朋友们都熏跑了"……然后,你陷入"又没做好"的尴尬和自责……

升级版的贬低会变成赤裸裸的粗鲁行为!例如扔盘子,把你做的饭菜倒进垃圾桶!你用心煎炒烹炸出了食物,他却一脸嫌弃,拒绝吃它们……即便他吃你做的食物,也会一直阴着脸,吃完后起身离开,没有说一句"谢谢"。

通常情况下,这类施虐者在他的朋友面前把妻子描述成了笨手笨脚的人,说她只会做通心粉,而且做得很难吃。与此同时,他还会采用别的花招折腾你。例如,我听到这样一个案例:他要求他的妻子在凌晨四点起床,给他做一份热气腾腾的丰盛早餐(必须在早上六点之前做好！）。

在一段良性的亲密关系中，即便你没有做饭的天赋，甚至做饭很难吃，伴侣也不会嘲笑你，不会让你感到羞愧和自责。相反，伴侣会鼓励你，并告诉你，你已经做得很棒了。谁没有做饭不好吃的时候呢？只有自私的施虐者才会因为做的通心粉有点淡而大发雷霆。

41.他不给我饭吃

> "我休产假时发现自己处于可怕的境地:我没有饭吃。我丈夫当时没有工作,但他的爸爸会给他钱花,然而他却把钱都花在了给自己买衣服、喝咖啡和去酒吧玩上。我给公公打电话,告诉他我和孩子在挨饿,他却告诉我,他只供养自己的儿子,如果我没有钱,就自己去上班。
>
> "每当我回忆起那段日子,我仍然很惊恐。两年来,我几乎没吃任何有营养的食物,还要给孩子喂奶,那时我的血红蛋白值只有64,而且经常晕倒……"

虽然我收到过千百封有关施虐者的来信,但还是常常被其中的情节震惊。上面这个故事中的这位女性掉入的是怎样一个施虐深渊啊!

在施虐关系中,许多女人长期营养不良,甚至挨饿!下面是我的女性读者的故事:

⊙ "我和他从一个出租屋搬到另一个出租屋,同时我失业了,之后我才反应过来,是他故意让我与我的朋友和同事不和,直到我完全受他摆布。也是和他在一起后我才知道,连续几天吃面包加蛋黄酱是什么感觉!他和他的妈妈一起去饭店吃得很好,但是从来不往家里买食物,更别提给我钱花了!"

⊙ "他会把我锁在屋子里,一连消失好几天,而冰箱是空的,导致我三四天都没有吃任何东西。"

⊙ "我平时不上班的时候会做饭吃,但是当我上班的时候,下班回来却没有饭吃,只看到空锅和桌子上堆积如山的盘子……而我的公公婆婆、我丈夫和他的两个哥哥吃饱喝足后正在看电视。看到这种情形我非常伤心,于是我问丈夫:'我吃什么呢?'他回答:'自己去商店买点吃的。'"

许多施虐者因所谓的"暴饮暴食"而虐待受害者,其想法相当"法西斯"。例如,我的一位女性读者就被丈夫这样问:"你能不能完全不吃东西?这样才能瘦啊!"

还有读者在给我的信中写道:

⊙ "在超市结账时,我丈夫会把我给自己买的奶酪、奶渣、肉、苹果等东西放回货架——在他看来,我没有赚到买这些东西的钱,因为我的工资比他的低。长期处在这样的环境中,我的消费标准也开始降低,认为牛油果真的很贵。"

⊙ "我一给自己做三明治配咖啡,他就会说:'你能吃得完吗?你究竟要吃多少才能吃饱?'现在我甚至不敢在他面前吃饭了。"

施虐者还会在你病重的时候丑态毕露。

⊙ "我在床上躺了三天,发热39度。我让他去帮我买药,顺便买点鸡蛋和牛奶,这样我就可以吃点东西。但是他没有去,因为他在玩游戏。三天里我没有吃过任何东西,直到我朋友给我带了点吃的。"

也许唯一比上述案例中的情节还可怕的是准妈妈的状况!

⊙ "我怀孕期间,一直被他折磨。他说:'你整天坐着大吃大喝,体重会超标的。'我信了,再也不敢在他面前吃饭。"

⊙ "我推着婴儿车带孩子逛时,经常从街上的灌木丛中采摘浆果和马齿苋,然后加水煮罗宋汤……因为他限制我买东西吃。我害怕没有奶水,于是喝了很多水,但是两个月后还是没有奶水。"

⊙ "哺乳期我差点儿饿死,孩子不好带,我根本没办法做饭,更何况也没有食材。我丈夫袖手旁观,他眼睁睁地看着我疲惫不堪,睡眠不足,却丝毫没有心疼我,更没有帮我的意思。他通常自己出去吃,也不会给我带食物。我苦苦等待自己的生育津贴,可是等津贴到账后,他就把钱取出来自己花了。"

⊙ "我儿子在幼儿园吃饭,我丈夫在工作地点吃饭,我只喝茶、吃果酱。为了挣钱买吃的,我在市场上以低廉的报酬接织毛衣的活。织一件毛衣赚的钱能买两斤肉馅——够三个人吃三顿晚饭。他没有钱给我买食物,但他总是有钱给自己买酒和香烟。"

醒醒吧,女人们!你们应该在伴侣第一次试图控制你饮食的时候,迅速离开他,这样就不会有生病期、孕期和哺乳期的可怜挣扎了!

42.他说我给他带来了厄运

> "有时候他说的话真的使我震惊。前几天,他把车停在树下,然后车上落了鸟粪。他把这件事怪到了我的头上!他说都是我的错!因为我是个……扫帚星,给他带来了厄运。这种情况发生过很多次。该怎么理解他的这种行为?"

在生活中,通常我们的意志和稳定性越薄弱,就越相信命运、神圣的梦想和其他"神迹"。偶尔神经质情有可原,但是施虐者的"迷信"超出了所有合理的限度!

⊙为什么他在你面前表现得像个浑蛋?因为你在前世背叛了他!所以现在你遭受的一切都是报应。

⊙他是否一而再,再而三地回到你身边,想要获得"从来没有享受过的温暖"?他认定这是因为你迷惑了他。

⊙约会结束后,他感觉鼻塞了。于是他认为是你让他生病的,这预示着你会给他带来厄运。

⊙由于对待工作吊儿郎当、酗酒、旷工、打架闹事和盗窃,他失去了第十份工作。他说这是因为你没有足够的"女性能量",如果你有足够的女性能量,你会激励和鼓舞他,他就能成为百万富翁,而阿利舍尔·乌斯马诺夫(Facebook的大股东)和马克·扎克伯格

（Facebook 的创始人）都只能给他当小弟。

简而言之，无论他遇到什么糟心事，他都觉得这是某种邪恶势力干预的结果，好像邪神除了惩罚他，没有其他事情可做。

曾有一位女性读者来信对我说，她出现在施虐者的生活中时，正好是对方生意兴隆的时候，然后对方就把他公司发生的一切——无论好坏——都归结为她施了"巫术"。

我们回到本节开头的这封来信，对方将车上落了鸟粪归咎于你，大概还有另一个原因——他在找借口离开你，无论这个借口多么荒唐！

43. 我开始玩小游戏

> "我喜欢下国际象棋、双陆棋和玩其他棋类游戏,而且很擅长,但是我从来不和丈夫一起玩,因为我发现我害怕丈夫输给我。对我来说,假装他是下棋高手,比赢了他后看他绷着脸,甚至大吵大闹,要容易得多。为什么他这么害怕失败?"

的确,我们在生活中常常会发现,许多女人会故意输给男人。这是为什么呢?因为女人已经看清男人输给她们后的反应,甚至他们歇斯底里地扔东西、摔门和离家出走的情况也并不少见。

仅仅是输了一场小游戏而已,但是这个男人却气急败坏,他的反应就像麦格雷戈输给努尔马戈梅多夫(两个人都是格斗运动员)时一样!

还要强调的一点是,施虐者根本无法理解什么是讨论。既然是讨论,就必然会有意见分歧,然而,对于施虐者来说,游戏的公平性和讨论过程的美好都不重要,唯一重要的是自己必须占上风,必须确立自己的绝对权威,贬低对手。而心智成熟的人会认为,讨论是为了享受人与人之间沟通的过程,享受了解其他观点和开阔眼界的乐趣,他们会很有礼貌地听取对手的意见,并以正确和合理的方式表达不同意见。

44.他还不如大声骂我呢

> "我丈夫跟我说话从来不会提高嗓门,但是我一直感到受辱,很不舒服。我试着跟他沟通,可最后却被说成是疯婆子,因为在沟通的过程中,我故意激怒他,希望能够获得真诚的沟通……尽管如此,他还是安安静静,一言不发。"

有一些非常微妙的心理虐待方式,即使是情场"老手"也很难辨别。从某种程度上讲,安静的施虐者甚至比直截了当的施虐者更危险——因为安静的施虐者总是装出一副彬彬有礼的样子,让受害者找不到责备他的理由,最后受害者很可能自责是"被宠坏的公主"和"无知的自大狂"。

安静的施虐者不会大喊大叫,不会说脏话,也不会摔东西,相反,他外表很"温和"。但是请注意,在他"温和"的外表下,却隐藏着一种敌意和冷漠的气息,所以在你跟他进入亲密关系后,你会感到受辱。你总是想弄清楚他的语气和他紧抿嘴唇是什么意思,你变得越来越疑神疑鬼……你想就此事和他沟通,可是听到的回答永远是:"你想多了。"这种冰冷的沟通方式慢慢折磨着你,长此以往会导致你常常歇斯底里……然而你那"温和"的伴侣却建议你学会控制自己的情绪,还说如果你做不到,就去看心理医生寻求专业的帮助。

伦迪·班克罗夫特在她的《他为什么打我》一书中称这种做法为"水刑"。"'水刑'爱好者说话时非常平静，他或许自己都没有意识到，他将这种平静作为一种惩罚工具，使他的爱人发疯。他会歪曲爱人说的每一句话，甚至到了荒唐的程度。他总是能找到细小而让她痛苦的刺，无休止地扎她，直到她大喊大叫，或者哭着离开房间，抑或陷入长久的沉默。然后'水刑'爱好者会说：'我们中到底谁是施虐者？你对我大喊大叫，你拒绝说话，甚至我连嗓门都没有提高。你真是不可理喻。'"

假如你的脸被打了一拳，你会非常清楚地知道是什么感觉。但是，被"水刑"折磨的女人完全不知道发生了什么，她们会"莫名其妙"地陷入恼怒和自责。

所以，如果你在这样的关系中"不敢喘气""小心翼翼地在地垫上走路"，你就得想一想自己身边是否有一个"安静"和"文明"的施虐者伴侣。

45. 我们可以吵几个小时

> "我们经常可以吵几个小时,他说这都是因为我一直在歇斯底里。我曾试着理解为什么会发生这种情况,毕竟在沟通的一开始我很平静,我努力做到温柔、客观,我用心理学家教的方式问他问题……
>
> "但是他仍有办法激怒我,让我流泪,然后我只能悲伤地保持沉默。为什么他不能好好说话?为什么我们的每次谈话最后都变成争吵?"

  我游啊游,看不到对岸。

  你说你很伤心。

  我们谈了八个小时。

  我对这些话并不是无动于衷。

  我只想捂住耳朵……[1]

  姐妹,这哪里是谈话!如果一个人在分享令自己困扰的事情,而另一个人充其量只是身体在场,这就不能称为有效谈话。最后你以歇斯底里的方式发泄情绪(但也仅仅是发泄情绪而已),可是让你痛苦的根本问题却没有得到解决,它会一次次卷土重来。

---

[1] 歌曲《你说……》片段,词作者康·梅拉泽。——作者注

词作者康·梅拉泽在没有正式逃避冲突的情况下，表明了自己对爱人的蔑视。捂住耳朵代表了什么？——"关掉"联结对方的按钮，发出的信息是"我听不到你说话"。

沟通受阻（锁闭沟通，witholding）是一种普遍的心理虐待方式。有些人甚至由于亲密关系中遭遇锁闭沟通而轻生。陀思妥耶夫斯基的《绅士》中就有这样的一个例子，女主人公被她的丈夫通过长达四个月的锁闭沟通"虐待"。

你想过没有，为什么能吵八小时之久？因为至少一方听不见另一方说话。其中的原因有很多：

⊙不会沟通。不理解沟通的意义，一旦出现关于核心问题的谈话，就缩到自己的保护壳里，或者竖起尖刺保护自己。

⊙拒绝沟通。施虐者对你的沟通需求总是表现出烦躁的情绪，甚至骂骂咧咧，借机挑你的不是，让你自我怀疑。

心理成熟的人，会以非攻击性的方式表达不满，同时也会倾听以非攻击性方式表达的抱怨，不会陷入自我防御的状态，不会把错误转嫁到对方身上而使对方自责。

我心中燃起了希望。
你把嘴闭上，一切都会恢复到以前的样子。
明天我会送给你一大束鲜花……[1]

---

[1] 歌曲《你说……》片段，词作者康·梅拉泽。——作者注

"恢复到以前的样子"是什么意思?歌词中的女主人公认为,如果自己装作没有受到委屈,假装自己的感情没有问题,同时对施虐者说自己刚刚只是"发无名火"而已,那么,一切就都没有问题了……对此我想说,问题已经真实地摆在眼前,掩耳盗铃是没有用的。

46.我酗酒，但是心中仍然苦闷

"在与施虐者相处的一年中，我开始酗酒，每天抽两包烟。然后我们分手了。由于我们住得很近，因此还能偶尔碰见。有几次碰面，我再次听到他的冷言冷语，瞬间感到很难受，手脚发抖，无法放松。

"我发现喝酒有助于恢复。我抖着手、软着腿回到家，给自己倒了一杯又一杯……感觉平静了许多……但是我开始担心自己的酒精依赖了……"

大家都说我喝醉了。

是的，我醉了！是的，今晚我醉了！

所以给我倒杯酒。

多么操蛋的生活！

是的，我醉了！我抽的是垃圾烟！

当我抽嗨了的时候，我哭了。

我只有16岁，

但是我的心理已经苍老……

你毁了我的生活，

你摧残我——就像摘了花又扔掉，

第1部分
花与果

但我还是爱你,

即使我心里已秋霜遍地……①

你听过这首表达卑微感受的歌吗?

许多平时不抽烟不喝酒的人,在施虐关系中也开始抽烟喝酒,甚至产生酒精依赖……(这是他们的"止痛药"。)成瘾有很多种(有的人是疯狂购物,有的人是疯狂健身,而有的人是暴饮暴食……),但本质都是一样的。

为什么我们在施虐关系中会有喝酒的冲动呢?原因很简单,巨大的精神痛苦让我们想要"关闭"自己的感知系统,即便只有一小会儿,所以酒精在这个时候发挥了重要作用。库普林的小说《莫洛赫》中的主人公波布罗夫来到医生面前,请求医生给他注射吗啡,正是源于这种自己无法排解的痛苦。

幸运的是,大多数受虐者在痛定思痛后,开始重新调整自己与酒精的关系,积极地戒酒并创造新生活。但是以下这些人就显得很危险:

⊙完全沉迷于酒精者。

⊙由受害者变为施虐者。例如,我的一位读者在经历了施虐关系后有了醉酒开车的毛病。直到一次交通事故后,她清醒了过来,并意识到,再这样下去,魔鬼就要来敲门了。

---

① 伊拉·叶若娃演唱的歌曲《醉酒的女人》片段。——作者注

假如你沉迷于酒精，整日买醉，同时感到痛苦不堪，这时你首先要做的是尽可能诚实地问问自己：你想通过醉酒逃避什么？这个你试图逃避的事情，往往就是你目前生活中需要解决的重大问题。朋友，我想你应该清楚，学鸵鸟埋头逃避解决不了任何问题，解决问题的第一步是面对现实。在你开始面对现实，并有了创造新生活的行动后，酒精就不再是麻醉品，即便你偶尔喝酒，也会因此感受到快乐，而非逃避现实。

过度和（或）长期酗酒表明你已经出现了创伤后应激障碍（post-traumatic stress disorder，简称PTSD），在这种情况下，你可以寻求专业的心理治疗和药物治疗。当然，这些措施只是外力，你必须亲自挖掘导致自己痛苦的根源。

当生活中充满无休止的让人难以忍受的压力时，偶尔无害的饮酒习惯会逐渐演变为成瘾习惯。我最近去看了以纪念女演员瓦伦蒂娜·塞洛娃（酗酒而死，终年57岁）为主题的话剧，心情复杂而沉痛。还有女演员伊佐尔达·伊兹维茨卡娅，她在与施虐者的让她痛苦不堪的婚姻中染上了酗酒习惯，最后死于39岁的盛年。

我们无法确保自己一生都能远离天灾、战争和不会失去亲人，但是摆脱让我们无休止地感到痛苦、焦虑和"难过得想抽烟"的人，这是我们的意愿能够决定的，也是对自己负责的表现。

47. 他要求我一直是他期望的样子

> "我男朋友是个以貌取人的人。他认为自己是个美学家,并说保持美丽的外表是女人对伴侣的尊重。和他交往时,我非常在意自己的外表,害怕照片拍得不好看,害怕他看到我笨拙、不上相的样子,害怕他对我感到失望。
>
> "即使我生病了,我还是会去健身,因为我害怕自己身材走样。我迷上了节食,有几次甚至在吃比萨后催吐了。一星期里有六天我都给自己安排了健身课程,同时还有两次美容理疗。我几乎没有精力去做别的事情。
>
> "久而久之,我开始失眠。我害怕自己睡相不佳,害怕他看到我蓬头垢面、眼睛浮肿的样子。所以我去文了眉毛和眼线,甚至养成了在他醒来之前起床、洗澡和化妆的习惯。
>
> "现在我们已经分手,我正在看心理医生,并试图重新接受自己'不完美'的样子,但是到目前为止,还没有成功。"

读这段文字,我能够感受到你的疲惫不堪,因为你卷进了对方设置的"完美"条件的窠臼。你使出浑身解数了解他的喜好,以为只要自己足够努力地按照他喜欢的去做,他就会更爱你,但是你收获的依然是吹毛求疵的挑剔。

幼年时期我曾读过一篇文章，至今印象深刻。文章的主人公是一个40多岁的女人，她恳求牙医对她丈夫保密她修复过牙齿这件事，因为她害怕丈夫知道她的牙齿"不完美"。故事中的女人和我的这位来信的读者一样。

现实生活中，我认识一个27岁的女人，她常常将头发梳成双马尾，穿着"洛丽塔"衣服，因为她的丈夫喜欢年轻女人，他的每任妻子都很年轻（她是他的第三任妻子）。她在18岁的青春期嫁给他，而现在她感觉自己正在迅速"变老"……她害怕丈夫不再喜欢她，于是她努力想要让自己看起来显得年轻。可是，难道35岁时还要扎带蝴蝶结的马尾辫吗？

你们可能都听说过，有些女人即便在家里也要化妆和穿高跟鞋，因为她"时刻想要在伴侣面前保持美丽的状态"……在追求"完美"的道路上，有些人甚至到了神经质的地步。例如，有的女人在丈夫在家时忍着不去上厕所，她要在丈夫面前一直保持"不拉屎的公主"形象……

大家觉得这是爱吗？在我看来，这是一种有毒的关系。在有毒的关系中常常会出现自我厌恶的情绪，已经产生自我厌恶情绪的人对"不完美"的恐惧会被放大到荒谬的程度：害怕睡相不佳、害怕早上起来眼皮自然浮肿……显然，男性对"全天候美丽"的苛刻要求和女性自身的恐惧叠加在一起，导致了种植"永久"眉毛、睫毛的流行。

追求"全天候完美"是一种严重的神经症，是病态的。当你开始意识到自己处在被迫"完美"的状态时，你就应该认真想一想：你是不是已经完全失去了自我？你能从这种关系中得到什么滋养吗？你真的快乐吗？如果只是无尽的消耗，那么请鼓起勇气离开错误的关系，重新找回自我。

48.我越来越想结束自己的一生

> "我一直是个乐观开朗的人,但是我和他相处的时间越长,就越压抑。每当我们陷入无休止的争吵时,我就很想从窗户跳出去……有几次我差点儿这么干了。而且我有种直觉,如果我真的跳下去了,他会很高兴……"

即使是很乐观的人(曾经是),在施虐关系中,也会被激发出极端的想法和做法。有些人甚至会悲观地认为:"生活中不会再有好事发生,不如一死了之。"就这样,一些人在难以忍受的痛苦的折磨下,冲动地选择轻生,而另一些人正在计划轻生。曾经乐观开朗的人,如今却有了极端的想法和行为,真是叫人感叹。

施虐者不自觉地(但往往又是很自觉地)给伴侣添堵,使对方的生活变得越来越糟糕。他在成长中形成的某些人格缺陷,导致他以带给对方痛苦为乐,还浑然不觉,直到将对方推向绝望的深渊。

例如,诗人瓦列里·勃留索夫送给女诗人娜杰日达·利沃娃一把左轮手枪。唉,枪最终被她派上了用场……她用这把枪结束了自己的生命。勃留索夫的另一个情妇尼娜·彼得罗夫斯卡娅,也在与他分手多年后轻生,毫无疑问,让她永远倒下的导火索正是勃留索夫。

在你的故事中,你写到施虐者暗示你跳下去,而你也差点儿真的跳下去了……幸亏你没有，因为你根本不值得为了一个不爱你的施虐者放弃自己的生命。

你能想象吗？受害者的死亡会让施虐者兴奋，他会感觉到巨大的能量在涌动，就像吸血鬼吸了血一样。再以诗人瓦列里·勃留索夫为例，他在20岁时就尝到了这种反常的快乐，那时他有意无意地让他的情妇叶莲娜·克拉斯科娃（马斯洛娃）感冒，而当她的病到了非常危险的程度时，他屏息等待着结局的到来。叶莲娜死了，勃留索夫在她的葬礼上戚戚哀哀，装出很悲痛的样子，但是他在日记中写道："我对她的死没有任何感觉。"

请姑娘们珍惜自己的生命！没有任何人值得你用死亡来献祭，更何况是一个并不爱你的自恋狂！

49.我已经不知道我们俩谁才是施虐者

> "我已经不知道我们俩谁才是施虐者。在这段关系中,我常常歇斯底里,莫名地哭泣,还总是嫉妒到失去理智……我感觉自己很不正常……"

你的留言中经常出现"不正常"这个词。你当然是不正常的!你不可能在不正常的关系中保持正常。原因如下:

⊙在这段施虐关系中,你变得习惯于生活在持续的焦虑和恐惧中。因此,在焦虑和恐惧短暂地离去的时候,你的身体会感受到前所未有的兴奋。就像洗蒸汽浴时,用桦条帚按摩抽打(俄式洗浴)后的感觉。虽然当时很疼,但是结束后,身体会通过释放让自己快乐的激素来补偿。这就是为什么俄罗斯人愿意一次又一次地忍受洗蒸汽浴时用桦条帚抽打之痛。

没错,这就是斯德哥尔摩综合征。一位斯德哥尔摩综合征的受害者这样说道:"表面上看起来他好像在折磨我,其实他人很好,他是为了我好,你们根本不明白我们之间不可思议的爱情,不知道很多细节。"简而言之,她试图说服自己,她身上没有发生任何不好的事情,而且典型的表现是,随着时间流逝,她最终习惯于生活在扭曲的

"镜子王国"里，接受病态是正常状态（所谓的"受害者对加害者的认同"）。

在斯德哥尔摩综合征的作用下，受害者在让人难以忍受的条件下生存，但不至于发疯，尽管我认为这种状态已经是精神错乱的一种表现……

斯德哥尔摩综合征在施虐关系中很常见，如果受害者的症状太严重，自我治愈的希望就不大，此时需要借助专业心理医生的帮助。

⊙原有的创伤从灵魂深处浮现出来，让自己痛苦的"触发器"被激活。例如，你生命的前20年并没有明显的被遗弃的恐惧，但是陷入与施虐者的关系，会使你的这种恐惧复苏，最终变得无法控制。

在施虐关系中，即使是最能隐忍和最温和的受害者，都会时不时地表现出暴力，例如把脏抹布扔到对方脸上，就连受害者自己都感到惊讶！

面对愤怒、绝望以及"心烦意乱的感觉"，受害者时常会做出反常的事：醉酒驾车、赤脚在雪地里狂奔、酩酊大醉、攻击对手、自残、试图轻生……在这种混乱的生活中，受害者会越来越失去判断能力，以至于"不知道谁才是施虐者"。

但是，如果你没有掉进施虐者设的陷阱，或者及时摆脱这种破坏性关系，你永远做不出这种事情。

总结：在施虐关系中，你很难保持"正常"，而且你陷得越深，就越"不正常"。

50.试着和他谈，但是更加理不清头绪

> "他一开始就把我神化了！他称我为女神、天使、缪斯、人间精灵……然后他突然对我说，我不过是个普通人。我不知道发生了什么，原本一切都进展得很顺利。我试着从他那里了解情况，但是结果让我更加困惑。
>
> "我去看了心理医生，医生告诉我，我应该和我的爱人谈谈，而不是一味地指责他。我听从医生的建议，耐心地找他沟通，但最后我还是没有弄明白……"

心理医生建议你与伴侣好好沟通一番，这的确是个很好的建议，但问题是，只有双方都参与的谈话，才叫作沟通。在施虐关系中，对方要么拒绝与你沟通，要么装作在沟通。

装作在沟通是让人非常恶心的做法，因为这给了你一种错觉，让你以为彼此已经把问题"说开了"，以为对方真的理解你并愿意解决问题，然而你浑然不觉自己已被困在沼泽中。

更多时候，对方拒绝沟通，甚至会通过发脾气的方式回应你的提问……于是你想，"沟通对他来说是多么困难啊"，所以你又一次退缩，打消了进一步沟通的念头。

还有一些时候，你被"喂"进"沙拉式话语"（毫无意义、颠三倒四的混乱语句）。对方恨不得从上下五千年说起，离题千里。他不

停地说，从一件事跳到另一件事，根本没有思路可言……其实你只是问了一个再简单不过的问题！例如，问二加二等于多少，而对方总是能将这个简单的问题复杂化，甚至到了非常荒谬的地步……对话五分钟后，你的脑袋开始发胀，然后你在潜意识里开始责备自己的"愚蠢"……

根据你来信的描述，我认为你不可能在这个人身上弄明白问题。你需要清楚一点，这不是你的问题，因为你已经尽力在沟通。如果对方一直"油盐不进"（多半是这样），除了果断分手，我想不到别的好办法。

51. 他说我们之间的问题只有生孩子才能解决

> "我们约会有六个月了。其实,这段关系从一开始就很难维持,我们经常争吵。现在这个男人告诉我,我们之所以经常争吵,都是因为我们没有孩子。他觉得我们必须要个孩子,这样我们之间的感情才会更好,我们一定会永远在一起。我能相信他吗?"

多么像电影《办公室恋情》中的一个场景!女秘书维洛奇卡刚刚与一个男人分手——显然分手过程很艰难。分手后,维洛奇卡接到男人的电话,他说:"我明白为什么我们一直吵架,因为我们没有孩子!"荒谬的是,维洛奇卡在接电话后仿佛突然顿悟:这就对了,没有孩子是引发所有问题的根源!

生孩子可不是儿戏,也绝不是拯救你们感情的良方。关于生孩子这件事,需要伴侣双方的心智成熟为基础,否则,草率地生下孩子只会让你们的生活更加混乱。

"孩子是联结家庭的纽带",这句话背后隐藏的本质是什么?仿佛是:"为了孩子,我们必须在一起。"这是一种人为的、不自然的结合。你们认为这种人为的、不自然的结合能够撑多久呢?

我的一些女性读者常常给我留言说:"我以为生一个孩子会让他有所改变,但是一切都变得更糟糕了。"你为什么那么笃定有了孩子后一切会变得更好呢？任何外力都无法改变事物的本质。如果没有孩子，你感到你们不合适，可以抬脚就走。可是一旦有了孩子，你就有了许多顾虑，有可能会为了孩子而选择继续留在错误的关系中。

期待和对方一起生个孩子来支撑你们摇摇欲坠的关系，这种想法很不成熟。你真的认为一个人只有在特殊情况下才能"发挥出自己的优良品质"吗？如果你们之间的感情本来就很好，生不生孩子都不会影响你们的幸福，但是如果你们之间是施虐与受虐关系，生孩子只会让这段关系雪上加霜。

52.他想要孩子，却让我去堕胎

> "我和他相识不久，他给我的印象是一个正派的人，我们的价值观相近。他对我说，他想早点做爸爸，不想把生孩子的计划推迟得太久。他认定我是他未来孩子的妈妈。但是，在我真的怀孕后，他却说他还没有准备好，并且让我去堕胎。请问这是什么意思？"

你们相识不久，男人就说他想要孩子，而且越快越好，他"视你为他未来孩子的妈妈"……你不觉得这件事情从一开始起就很奇怪吗？

有不少女人会因男人"真的想要孩子"而陷入迷雾中，因此忽略了不难察觉到的危险信号。例如，这个男人已经有孩子了，甚至不止一个，且妈妈也不是同一个女人，只是出于某种原因，他现在没有和她们在一起……

有关孩子的话题能让许多女人产生强烈的共鸣，大大加快了自己与施虐者"相爱"的进度。施虐者自然很清楚这一点，于是他迅速开启了这个通关阀门。然而，第一桶冷水即将向你泼来。通常是这样的——你被他想要与你生孩子的"诚意"所打动，然后你满怀热情地"造人"，他却突然对你说，"呃……你应该吃药"，于是女人傻傻地吃了避孕药。

如果你直接质问他为什么言行不一，对方会找出一堆理由回击你，例如，他觉得你现在不适合受孕。"那你昨天为什么说想要孩子？"——然后你听到的回答是"你误会了"。

甚至还会有这样的情况发生：在建议你吃避孕药几天后，他说他对此感到很内疚……他向你保证这种事情不会再发生……同时他告诉你，他想要孩子这件事是千真万确的……于是，在这波情感浪潮的冲击下，你们又开始"造人"了……然后怎么样呢？我了解到还有这样一种施虐者——他在强迫你堕胎后，又指责你"杀死了孩子"，"剥夺了他做爸爸的幸福"。

在伤害已经发生后，你要做的不是与他纠缠不休，那样你会在泥潭中越陷越深。你只需要对自己的生活负责，果断离开不好的环境，这样就不会再次被愚弄。

53.答应我不射进去，最终还是射进去了

> "我和一个恶毒的施虐者分手了。例如，他故意把安全套冻得失效，假如我怀孕了，他就把这个错误归咎于我。他的理由是他采取了保护措施，所以这根本不是他的错，并且他会猜忌说肯定是我和其他男人有私情！在接二连三识破他的龌龊之举后，我果断选择了离开他。"

与施虐者同床，会有意外怀孕和感染各种妇科疾病的风险。诸多现实的例子证明，施虐者是各种"恶疾"的携带者。许多女性读者给我来信，在她们分享的情感故事中，我得知许多女性朋友在与施虐者发生性关系后，得了鹅口疮等妇科疾病，且难以治愈，导致她们反反复复受其折磨！

之前我和大家讲过那些"善变"的施虐者，他们前一天还在朝思暮想有个孩子，第二天就表现出一副厌烦的神情，甚至赶你去堕胎。还有另一种"冒失"的施虐者，他们答应你"不会射进去"，最终还是"意外地"射进去了。然后又一次射进去……他们的借口往往是："你太性感了，我实在忍不住"，或者"我不是故意的"。

甚至还有一种并不鲜见的情况，男人声称自己不育，你相信了。很快，事实证明他并没有患不育症。

在尝试交往的过程中，你几乎无法躲开施虐者故意破坏安全套这

类阴招，但是你不能允许自己一而再再而三地上当，只要你加以判断和用心观察，有些陷阱是可以避开的。

我听过一个非常暴力的变态故事。故事中的男人总是梦想有个孩子，但是与他发生性关系的所有女人（她们暂时不认识）都流产了……流产了两个、三个、四个孩子……而这一切都是由于她们在前一天喝了施虐者泡的茶……荒谬的是，即便这个男人的"后宫"成员互相知道了对方的存在，同时也知道了她们流产的特点一模一样，但还是有人不相信这是男人的恶意造成的……这多么不幸啊！

一旦你和施虐者交往，就注定会被他恶意相待。解决的办法只有一个，那就是防患于未然，不与散发危险气息的人发生亲密关系，不给他们机会侵害你的健康和生命。

第 2 部分
鸠占鹊巢

54.和他在一起，我变成了女"奥赛罗"

> "我从来没有嫉妒过，但是跟他交往后，我总是想知道他和谁在一起，他在哪里，他是否在偷情。一切都是从他收到社交网站的一条消息开始的。但是，他笑着说这是他在认识我之前保存的网页，只是忘了删除。
>
> "我知道他和一个女孩在互联网上聊天，但是我没有放在心上，因为他说过这只是'朋友式的聊天'。直到有一天，我看到她给他发照片，上面写着'看看这个连裤袜'之类的文字。我告诉他我不喜欢这样，他使我看起来像个胡搅蛮缠的白痴。
>
> "现在我已经到了偷偷查看他手机的地步。我在互联网上搜索如何才能登录他的社交网站。我都不认识现在的自己了！在我身上发生了什么事？"

假如你在一段关系中成了"私家侦探"，不用怀疑，你正处于施虐关系中。这个判断原则是由《如何不喜欢一个人》的作者杰克森·麦肯锡提出的。

那么，为什么我们会"因嫉妒而愤怒"呢？

施虐者喜欢向你明示或暗示（或者同时明示和暗示），你在这段感情中有了"情敌"。通常，在试探阶段，你会听到他讲自己单恋的戏剧性故事。虽然你确信这段单恋已经过去了，但是不知为何，你隐约感到不舒服。他还经常说起自己的前女友，说她多么好，同时发出遗憾的叹息。这让你没法不感觉难受。你甚至会感到他和你在一起不是出于爱，而是他被另一个"真正的女人"拒绝了，才退而求其次选择了你。于是你渐渐陷入这种难受的情绪中……

随着交往深入，施虐者会越来越坦白，肆无忌惮地讲述他与其他女人的"故事"。例如，有些女人他曾经喜欢，但是现在不喜欢了；有些女人被他跟踪过；有些女人和他"只是普通朋友"……

甚至他会给你看这些女人的照片（包括裸照），给你读他们互发的消息……我又想到一个名人的案例。列夫·托尔斯泰在婚礼前一夜给他的未婚妻索菲亚·别尔斯塞了一本日记，里面详细描述了他自己的艳遇……这无疑是在索菲亚头上浇了一桶冷水。

施虐者以不同的方式谈论自己的"前女友（男友）"和"普通朋友"，但是说辞往往自相矛盾。在他口中，有些人是"让人鄙视的"，有些人"够理智，不会让人讨厌"，有些人"身材很好"，有些人"比你更苗条、更漂亮、更成功"……久而久之，你在潜意识中开始嫉妒那些女人，无论是"让人鄙视的"女人，还是"聪明又灵秀"的女人。

施虐者鼓励你看他的手机，甚至对此"睁一只眼，闭一只眼"（例如，"忘记"了，把手机放在你面前，或者在你面前"不小心"点开"本不应该给你看"的图片或信息），他的心像"水晶一样透明"，把自己的账号和密码都告诉你，任由你分析他与其他女人的聊天记录。与施虐者交往一段时间后，你渐渐养成了偷看对方邮箱的习惯，你最喜欢的消遣方式是分析他添加好友和拉黑好友的规律……这一系列"调查行动"成了你的日常工作。

然而，当你表达对他和其他女人亲密接触这件事的不满时，他会说你疑神疑鬼，甚至给你扣上"歇斯底里的疯女人"的帽子……有可能这个人当着你的面删掉他与其他女人暧昧的聊天信息，然后却轻描淡写地说根本没有这样的信息……没有暧昧的聊天信息？！即便一分钟前你亲眼看到了，但他还是死不承认。当然，在这种操控下（请记住，这种操控被称为"煤气灯效应"），你开始怀疑自己的心理是否健康，开始反省是不是自己控制欲太强了，所以才导致俩人的关系陷入僵局。

明明不是爱吃醋的人，却被嫉妒如蛇般紧紧缠绕。为什么？因为你卷入了施虐者制定的规则的旋涡，他将你和其他女人作比较，让你参与这场追逐他的竞争。你的内心开始恐慌，害怕自己"不配"跟他在一起，害怕被抛弃，害怕丧失自尊……

这份忽明忽暗、琢磨不定的感情，唤醒了你内心的偏执，你在这种环境中生活得越久，就越感到不安和愤怒。到最后即使情绪稳定的人，也会变成女"奥赛罗"[1]！

那么，亲爱的女士们，我们该如何避免这种情况发生呢？

⊙ 保持自尊，无条件爱自己，至少请停止不断积累的自我否定和自我憎恨。

⊙ 不要将自己与其他女人作比较。认识到自己和其他女人都"足够好"，都值得被爱。

---

[1] 莎士比亚的剧作《奥赛罗》中的人物。他被人挑拨，轻信人言，在愤怒中掐死了自己的妻子。——译者注

最重要的是，为了不成为女"奥赛罗"，你必须远离施虐者，去和心理健康的人开展健康的关系。你会发现，在健康的关系中，你和你的伴侣都能感受到自己在对方心里的重要性，同时你们都会越来越爱自己，越来越自信。

55.他当着我的面夸奖自己的异性朋友

> "我男朋友总是跟我说,他的普通女性朋友和前女友有多么好,还给我看她们的照片和社交网站主页。请问这是微不足道的小事吗?为什么我感到不舒服?"

你不舒服是正常的,因为这是一种贬低伴侣的不健康行为。我把亲密关系中的这种现象称为"祭出情敌"。

这个人正在试探你的底线,试图破坏你的自信心,使你自觉或不自觉地生活在焦虑中。

这也像是一场"你要一直吸引我的注意力"的游戏。为了"赢得比赛",你必须在这段感情中时时刻刻做到全力以赴,直到筋疲力尽。

关于对方夸赞其他女性这件事,我们需要设定界限。在健康的亲密关系中,彼此间都有赞美异性的权利,你们不会因为伴侣夸赞别人就心生嫉妒。

⊙以什么样的方式夸赞其他女性,这一点很重要。如果是大喊"哇,好漂亮!""我想拥有她!",或者是"如果你看到维罗妮卡的大长腿,你会羡慕死的!",那就有问题了。但是,如果说"是的,塔蒂亚娜·德鲁比奇是个美丽的女人",这种适度的赞美和表达是正常的。

⊙观察他夸奖其他女性的频率。如果他沉迷于看那些女人的照片和给女人们排名，那你就会陷入自我怀疑中。

⊙你是否需要"乞求"他的赞美——他明明是个很会赞美别人的人，但是他的赞美都给了其他女性。如果是这样，你会明显感到被忽视和羞辱。

当然，施虐者不限于"单项施虐"，他们采用的虐待方式可谓千奇百怪。无论是采用怎样的施虐方式，你只要浸淫其中，你的自信心就会受到打击。所以，女孩们，请选择跟真正欣赏你、懂得赞美你的人在一起，不要对贬低你的人"赋魅"，不要陷入他们制定的游戏规则里。

56.他对他的前妻大加赞赏

> "在您列举的故事中,您的女性读者经常说,自己遇到的施虐者从一开始就说前妻的坏话,您说这是施虐者的典型特征。那么,您如何理解只说前妻好话的人呢?他把她夸得天上少有,地下无双,我甚至嫉妒了。但是,随后他就暴露了自己残酷无情的本性。"

你看,你甚至开始嫉妒了!这就是他的目的。

从表面上看,仿佛你没有必要觉得自己被冒犯了!是的,这就是那种"文明"人,他知道如何体面地分手和欣赏别人。你只要试着对他的热情表达不满,立即就会表现出歇斯底里、"无缘无故"的嫉妒。因此,你只能"理解地"微笑,佩服他"分手后还能做朋友"和"体面地分手"的能力。

同时,你的怨恨又合情合理。对"前任"强迫性的理想化是对你隐蔽且"文明"的贬低。而许多施虐者为了让伴侣感到有压力,会故意使用这种策略:

⊙ 你们会经常谈论有关他"前任"的话题,或者更确切地说,是他自说自话。

⊙ 他的"前任"在你生活中的存在感过高:他们频繁通电话、通信,或者见面。

⊙他说一些诸如"不要吃醋"之类的话。这里面有隐藏的信息："吃醋吧，为我而战。"

⊙他执意让你与他的"前任"做朋友。

⊙让你加入他的"后宫"生活：约他的前妻、你的孩子和她的孩子一起出去玩。

⊙最重要的是，这一切发生后，会给你留下后劲很大的不愉快之感。

这是否意味着男人根本不应该谈论"前任"？完全不是。毕竟"前任"是他生活的一部分。如果他抹杀与你在一起之前的一切经历，就是在贬低自己曾经的经历和生命中重要的人。健康的人会热爱和珍惜自己的过去，并能从中汲取许多美好的情感。

下面是你们的关系中可能存在的正常情形：

⊙在你们的谈话中，有关"前任"的话题并不多。通常是在你们之间的关系开始时讲讲自己以前的故事，然后偶尔提到这个话题，并不是夜夜追忆。

⊙故事中没有谈关于性、身体特征或其他私密事物的细节。当然也没有把私人信件、裸照或家庭录像等拿到你面前让你看。

⊙没有将与"前任"有关的事物拿来跟你进行比较，包括"无害"的比较，如"维卡会在这种沙拉里放苹果"。同时，也不会贬低维卡。

⊙与"前任"没有"友谊"。也就是说，你的伴侣没有顺便去"前任"那里喝茶的习惯，不会在周末把其他所有事务和安排放在一边，去给她挖菜园。

⊙他只是向你介绍情况，不是让你与他的"前任"做朋友。

⊙你不会有这样的感觉：你比他的"前任"差，他后悔与她分手，他并没有那么珍惜你。你能感觉到他爱你，而且是稳定、持久的爱。

57.男朋友被他的前女友跟踪

> "我最近开始跟我的男朋友发展恋爱关系,但是随即出现了一个问题——他的前女友在跟踪他。她经常给他发信息、打电话,甚至昨天还给我发了一条信息!她想从我们这里得到什么?他不需要她,否则就不会跟她分手了。"

我建议把他前女友的跟踪看作预警信号,不能忽视。也许跟踪之事确实存在,但是在大多数情况下,根本不是她在跟踪,而是她认为自己仍与这个男人在认真交往中。

例如,这个"前任"并不是他真正的"前任",而是他脚踏两只船的对象,只是他在两星期前提出绝交。如果你的男朋友经常被一个女人跟踪,或者同时被两三个女人跟踪,那么他很可能在"脚踏多只船"。

在开始约会的早期,你是否注意到男朋友在你面前接一些电话?"是有一个女人死皮赖脸地纠缠我。"——他会这样说,似乎很不情愿她纠缠他。而你相信了。但是仔细想想,你见过很多这样的跟踪者吗?是的,女人可以适度表现出主动,但是如果男人明确拒绝她,她通常会很清醒,不会再像"狗皮膏药"一样没皮没脸地缠着他,或者做其他不自重的事情。她也只是当前的受害者之一,而且是"高级"[①]受害者。

最有可能的情况是,那个女人挂断了你男朋友的电话,因为昨天他们还玩得很开心。虽然今天他不接、打电话,也不回复信息,但是她看到他在线,这说明他没有被外星人绑架,也没有因为得阑尾炎而住院。

我相信,一个女人如果没有收到男人足够明确的求爱,并且不认为自己在认真与他发展关系,就不会跟踪他。这个女人也不会给他发信息:"也许我们应该结婚?"(我的一位读者的故事。自恋者给现女友看了这条信息,并对她摇了摇手指说:"这姑娘疯了,我们都不怎么熟悉。")

你写到他的前女友给你发了一条信息。她是如何与你取得联系的?难道不是因为你的男朋友在自己的社交网站上炫耀你的照片,让跟踪者把自己的愤怒发泄到了你身上?或者他告诉跟踪者,是你……跟踪他?

我的一位女性读者给我讲过,有一天,她在去见男朋友(自恋者)的路上被他的"现女友"袭击了,自恋者把"现女友"说成是"前任",还说她在跟踪他。"前任"怎么会在正确的时间出现在他们两个人约会的地点?答案显而易见。

总之,不要轻易相信一个认识不久的人说他被"前任"跟踪的故事。即使这是真的,为了你自身的安全,还是需要观察一下情况,不要急着作事关自己命运的决定。

---

① 参阅我的三部曲的第二部中关于自恋者"后宫"和"后宫"中等级的解析。——作者注

58.丽泽塔、波列塔和玛丽耶塔

> "自恋者会给自己的女朋友排名吗？例如，根据外貌、性格排名？还是说他根本不作区分，对他来说，女朋友们只是'灰色背景板'，是他自恋资源的来源？"

两种情况都会有。这一点不矛盾。

自恋者总是在评估和"打分"——包括给自己打分。排名是根据一系列参数进行的。胸大？会滑冰？周围的人都喜欢她？认识纳吉耶夫？有康伯巴奇的亲笔签名？"利亚的内衣更漂亮"？谢廖加和安托卡看到你时，是否"羡慕得流口水"？自恋者会在心里默默盘算所有这些优点和缺点——甚至有时会记到本子上。

但是，即使所有参数都表明你是他生活中的明星，你也不要认为自己的优秀品质会使自己在自恋者的生活中处于特殊地位。是的，这都是暂时的，在自恋者设定的理想化的高标准里，你甚至可能会被评为最高分……但是"大盘"是动荡的，你的股票下跌了两个点，斯维塔的股票却上涨了……因为你只是在小公司上班，斯维塔可是检察院的公务员……

第二天你的股票可能会再次上涨，但是在第三天，自恋者刚刚认识的一些女人或者从他的"卡片档案"①中提取出来的黑马将占据领先地位。所有这些"指标波动"绝不能反映客观现实，它仅仅反映了自恋者人格中的深层障碍。

现在说说"灰色背景板"。自恋者当然会把塔尼娅和斯维塔区分开来，他又不是色盲。然而对自恋者来说，他交往过的所有女人都是可以被替换的物品而已。如果一个凳子坏了，不管它有多么漂亮和特别，我们都会把它扔掉。我们不会因为失去它而轻生，也不会为此感到恼火，只是因为重新买一个需要花钱，或者再找到一个更漂亮的很麻烦，而且不是在所有卖场都能找到这么特别的凳子。自恋者的"凳子"指代的就是他周围的所有人。

丽泽塔、缪泽塔、让涅塔、若尔热塔——都是一样的。现在出来一个玛丽埃塔——"噢，玛丽埃塔"，也不会长久。没几天，会让他"噢"地感叹的对象就会被换成科列塔或波列塔。

---

① 关于自恋者的"后宫"问题，请参见我的三部曲的第二部《这都是他们的事》。——作者注

59.如果他突然爱上她,该怎么办?

> "当自恋者为了别人离开我时,我怎样才能让自己不陷入自我伤害和嫉妒的情绪中?我怎样才能不认为他们之间确实有我不配拥有的爱情呢?与此同时,他也不放过我,尽管他说他不爱我……"

我试着解释一下。首先,一个残酷对待过你的人,原则上他心里是不可能有爱的。自恋者的一生都是在理想化和贬低对方,他做不到突然抛弃这种病态的待人接物方式,"真正"爱上某人。

其次,如果你回想一下刚开始时你们之间的关系,你可能会意识到他对你也有"这样的爱情"。而且大家都很羡慕你们的关系。"他非常、非常、非常爱你。"但是这种神仙般的爱情去哪里了呢?给他的新女朋友了。

第三,如果你再次回想一下,在你们的关系发展之初,很有可能是自恋者"为了你"抛弃了他的"前任",或者更有可能是他把"前任""冷处理"了一段时间,贬低她,以此向你宣告他单身。

我的博客上经常有这样的评论:"他不是自恋者,只是他不再爱我了,所以才会这样对我。"不是的,朋友们,这是很严重的误解。一个正常人如果不爱你了,是不会像对待猪狗一样对待你的,他会尽可能跟你和平分手。你自己有过不再爱对方的经历吗?你是如何表现的？

　　想一想：如果你的伴侣已经不爱你了，为什么他还会围着你转，离开你后又再次回头找你？在这种情况下，正常人不会增加你的痛苦，不会再给你希望。他也不会有兴趣把时间浪费在他不爱的人身上！但是"不再爱你"的自恋者不会从你的生活中消失，他在欺负你的过程中获得了很多扭曲的乐趣……

　　我喜欢17世纪法国思想家让·德·拉布鲁耶尔的思想："男人很容易用虚假的誓言欺骗女人，除非他对另一个女人怀有真爱。"你明白本质区别是什么吗？如果你爱过、正在爱或者有能力去爱，你就有同理心和良知，这些都不允许你欺骗和伤害你不再爱的人。

60. 他和别人在一起很开心

> "我现在真的特别恨自恋者,因为他和新女友过得很开心、快乐。由于他对我不好,而我又找不到替代他的人,因此我一直很痛苦,很孤独。我每天都在想他,甚至偷偷去看他的社交网站页面……"

这是受害者在与施虐者分手后的第一时间里常有的一种纠结情绪。我将逐一分析你描述的痛苦。

⊙ "自恋者正在享受着美好时光。"你必须明白,自恋者永远不会有美好时光。他的个性中基本没有精神上适意的情况。他在获得自恋资源后,会有短暂的闪光时刻。但是这不是他获得了快乐,也不是他获得了幸福,更像是严重依赖"外界反应"之人的强烈需求得到了满足,或者暂时麻痹了让他难以忍受的痛苦。无论你如何难以理解,事实就是如此。

⊙ "他和他的新女友过得很开心。"不要去想他和他的新女友展现出的模范爱情。自恋者不爱任何人,也没有能力去爱任何人。所谓的"模范爱情"不过是理想化的情景,转瞬即逝,不久后,他会不可避免地开始贬低新女友。

⊙ "找不到替代他的人。"对于刚从施虐关系中走出来的人来说,试图快速开始一段新关系是一个很严重的错误,是从一个火坑跳进另一个火坑,是出了虎穴又进狼窝。最好先恢复一下你受伤的心灵,然后收拾自己的心情,克服自己个性、处世哲学中的弱点[1]。例如,为什么你会由于自己的孤独而感到负担很重。

⊙ "我每天都在想他。"你会在很长一段时间内想他,而且"为他的所作所为感到痛苦"。不要着急摆脱这些念头。如果你念念不忘某件事情,说明你的心理需要它,这种心理会让你把过去所有的碎片拼在一起。不要急着"结束这一切","把事情放一边",要顺着心理运行的机制来。随着时间的推移,你的这些想法会越来越少,感觉也会好很多,会自然地接受他这样做的事实,因为他已经这样做了,一切都是既成的事实。

⊙ "我偷偷去看他的社交网站页面。"停止在社交网站上跟踪某人不会比戒烟更难吧!清醒一天、两天……然后,你看,你已经不想去看了。是的,一开始你需要努力克制,但是这可能像摆脱任何会产生依赖的事情一样——先破后立。下一步是解决你的共同依赖问题,可以自己解决,也可以寻求心理医生的帮助。

---

[1] 关于这个问题,我在三部曲的第三部《废墟重建》中有详细说明。——作者注

61.他无法从三个女人中选一个

> "一开始一切都很有希望,他说他爱上我了,而且他的行为让我毫不怀疑。我们也上床了。然后他开始时不时地失踪,取消约会。我问他出了什么问题。事实证明,他同时还在与其他女孩交往,而且还在对我们进行各种考察,还没有准备好选择谁。他还建议我'不要分手',继续交往。我感到被欺骗,被羞辱。但是人总有选择的权利,对吧?"

他当然有选择权。但是他在一开始就应该向你说清楚这一点,而不是骗你,说你们处于平等的爱情关系中。如果头几天你就发现自己处在"试用期",可能就会冷静下来。这就是施虐者所期望的:先引诱,让你坠入爱河,然后给你泼一盆冷水,告诉你,你不是他唯一的对象,他还在"考察"加利亚和斯维塔。

而且他现在无法选择。他必须听从自己的内心。这需要多长时间?他自己也不知道……他现在不能向你承诺任何事,但是他又不愿意失去你……

许多与施虐者交往的人经常会听到施虐者类似这样"纠结"的论调。在大多数情况下,这是自愿和被迫进入施虐者的"后宫"并参与争夺"入场券"的开始。仔细想想,这就是拴在驴子面前的那根胡萝卜啊！"也许我会选择你，也许不会，所以继续努力吧。"

请将这种行为视为蓄意欺瞒，一旦你发觉被骗，就不要同意加入"候选名单"。一般来说，无论你的认知还是文化水平，都会使你明白"等待被选中"这件事荒谬至极。

他"需要时间听从自己的心声，同时他也不会着急作决定"？但是为什么他之前很着急呢？是在着急引诱你吗？

你"不完全符合他的要求"？祝他在寻找"真命天女"的过程中交到好运！

你"总体来说还好，但是我希望你能有伊万·尼基弗洛维奇的鼻子，再配上伊万·伊万诺维奇的下巴"？对不起，我本来就有。再见。

62.是施虐者,还是单纯的好色?

> "可能他只是好色,而不是施虐者?好色之徒和施虐者有什么区别?这样的人能改好吗?他知道如何去爱吗?"

我可以立即告诉你,你无法"改造"一个成年男人,只有他自己愿意改变才行。当然,希望一个好色之徒改好,肯定会让你失望。

有些好色之徒或多或少保持着永久性的"后宫"(有轻微的"人员轮换")。有些人与同一个女人在一起的机会不过是一两次约会,而另一些人,看起来"规规矩矩"的,却是不断离婚再娶。

好色之徒的动机可能如下:

⊙需要不断通过某人男朋友的身份丰富自己的形象——首先是要过自己这一关。一夜之间"勾搭"了三个人?他以为自己是普希金吗?是花心大萝卜罢了!一个也没"勾搭"到?是"一只可怜虫"罢了。

⊙逃离无聊的生活。通过不断寻找女人、"征服"女人,以及在这个过程中产生的虚伪的感情、奢侈的性行为,短暂地分散烦恼。但是空虚的、不成熟的男人永远都会有烦恼。

⊙自恋,满足自己寻求理想伴侣的倾向。这样的好色之徒看起来是个大情圣，但是其行为的根源是自恋：寻找理想伴侣。

⊙其目的是侵夺物质。有一些专钓富家女的"软饭男"，即便已经找到了"金主"，也会吃着碗里的，看着锅里的。如果能钓到条件更好的，岂不是更好？

⊙"文化"传统。通过女人来"减压"或者实现自我肯定，甚至仅仅为了"扬眉吐气"，这被他们认为是正常的行为。这样的男人常常会不假思索地采取行动。

一个好色之徒对我说："我们结婚两个星期了，我正在和妻子一起吃晚饭，然后有个朋友敲窗户。我对妻子说我想出去五分钟，实际上我第二天早上才回来。这是我第一次出轨。"怎么理解他的行为呢？可能是因为生理冲动和内心缺乏约束。

是不是每个好色之徒都是施虐者？这要由你自己来决定。如果男人的出轨没有让你感到难过，没有让你有羞辱感，就不是施虐关系。但是，我没有遇到过会对自己男人的风流韵事感到舒服的女人，尤其是面对数量众多且质量相当高的"后宫嫔妃"。而且既然你问了这个问题，就说明这个男人的"好色"正在以某种方式影响你，因此他的行为是破坏性的……

63.好色之徒能改好吗?

"好色的自恋者有不出轨的时候吗?"

有。但不是由于自恋者"重拾理智",当然也不是由于他意识到你比其他女人更好,更不是由于他决定不再伤害你。可能是有其他原因:

⊙聚会已经不能再为自恋者提供自恋资源,即性冒险"不再让他有快感","都是一样的感觉"。起初,解决方案可能是"增加剂量"(越来越多地寻找、征服女人,追求更刺激的性爱),但是没能"延长和增强性快感",自恋资源越来越匮乏,自恋者逐渐失去力量,"崩溃"了。

在这样的"危机"时期,自恋者可能会"冬眠"几个月甚至几年。也就是说,他仍然无法从妻子那里获得乐趣。通常情况下,危机会蔓延到你们生活的各个领域,自恋者可能会放弃工作,暴饮暴食,转而染上其他的瘾。

但是有一天,他会重回"好色之徒俱乐部"……或者在分手一年后,他拨通了你的电话……把你追回来。渐渐地,他又回到了夜夜"解放天性"的好色时期。

萨姆·瓦克宁[1]解释说:"经过一段时间的深度抑郁和数度产生轻生念头后,自恋者很可能会感到被净化、热情洋溢、思想解放,他已经为下一轮的狩猎做好准备。在寻找自恋资源的新供体时,他又陷入了自私的性爱深渊。"

⊙自恋者已经找到了另一种获得自恋资源的方法。如果性爱不再"火热",自恋者可能反其道而行之,例如,尝试禁欲,据说是为了积累性爱能量,享受自己的意志力产生的力量、"开悟"和获得"灵魂自由"。通常情况下,自恋者坚持不了多久,尽管如此,在这段时间内他不会出轨……但是他也放弃了与你的性生活。

⊙自恋者的生活方式受到对自己很重要的人的谴责(例如他那个身为模范家庭主妇的老板),好色在他的圈子里变得"不时髦",他觉得自己不再是一个"热血男儿",而是一个笑柄。自恋者在这种羞耻感下,披上了"忠实的丈夫"的外衣,努力"顺应潮流"。但是这只是表面上的随波逐流,这个人迟早还是会再次"爆炸"……不一定再次走上通奸之路,也许是染上其他瘾。

---

[1] 典型的自恋型人格障碍患者,他近20年来出书著文,以自身病例向人们提供建议和帮助。——译者注

64.我男朋友自称是多配偶者

> "当我们再次为他的激进思想争吵时,他说我太粗俗了,我把一切都归结为他是……一夫多妻制的拥护者。这与通常所说的艳遇爱好者有什么区别呢?"

有一个时髦的词——多配偶制,指的是"同时与几个人建立亲密关系的做法。它与性没有直接关系,而主要是与恋情有关"。

我们来分析一下这个理论。如果爱不是对一个人的独占和迷恋,而是爱自己,爱伴侣,爱众生——那么对于一个精神成熟的人来说,多配偶制是相当合理的。他对爱没有"限制"——只有合理的范围要求。

但这正是我要说的问题所在。爱不是茨维塔耶娃说的"相处几个小时,然后各回各家",也不是"坠入爱河"后从对方的生活中消失两个星期,爱意味着需要在另一个人的生活中有"质"的存在。以日常交流为例:双方要互发消息,而且不仅是文字和表情符号的交流,还要培养感情——这是成熟爱情不可缺少的标志。

现在想想:如果你不仅有谢尔盖,还有格列布,可能还有纳斯佳,那么你要耗费大量时间好好维护与这三个人的关系。你会筋疲力尽!结果就是,你要么缩减名单上的情人数量,要么在与其中一个人的关系中开始消极怠慢。而且你越多情,就越会陷入困境。你还有时间干其他事情吗？

我承认，多配偶制是双性恋生活的一种可能形式。注意，不要与同性恋为了掩盖性取向而结婚，却又对伴侣毫不在意的情况混为一谈。

俄语中的"多配偶制"一词起源于"amor（爱情）"这个词。如果你的男朋友用他是多配偶制拥护者，而你是没文化的村姑来 PUA[①]你，想一想"爱"这个词的定义，再看看你们的关系与"爱情"是否有关系。

此外，多配偶制意味着他的"关系网"中的所有伴侣都被告知并认可这种关系。如果你遇到这样的人后觉得自己需要"转向"，就不属于多配偶制的范畴。

一般来说，如果你愿意，"多配偶制"这个流行语可以用来定义很多东西，包括滥交。

[①] PUA,全称"Pick-up Artist"，是一种情感操控术，通过"好奇—探索—着迷—摧毁—情感虐待"五步达到心理控制的目的，让对方感情崩溃，失去理性。——译者注

65. 原来他已婚……

> "我和一个男人约会一年了,我是认真的,我们打算结婚。但是他没有搬来与我同居,只是偶尔在我这里住几天。突然有一天,我发现他已经结婚了!他借口说,他只是害怕失去我,而且他和他妻子的关系不好,已经分居好几年。我不知道是否该相信他,但是我感觉很糟糕。对我来说做别人婚姻中的'第三者'是绝对不能接受的,他也知道这一点。现在我该如何自处呢?"

如何自处?你是遭受恶意欺骗的受害者。这就是简·爱在发现罗切斯特先生有妻子时的感受。

自恋者在数个家庭之间流连,以此获得源源不断的自恋资源,包括情感和物质方面的。如何保护自己不卷入这种境地?如果只接受传统关系(一男一女结婚),那么请立即离开正在和你约会的这个已婚男人。你可能会发现(而且经常如此),你们对这段关系的期望不一样,例如,你考虑的是家庭,而这个男人考虑的是搞外遇。

也有相反的情况:已婚女人长期哄骗自己的仰慕者或情人,说她会离婚,然后嫁给他。但是由于各种原因(并不总是恶意的),她并没有这样做。关于这一点的经验是:结束上一段关系,才可以开始发展新关系。

如果这位已婚人士非常喜欢你,而且他还用"充满爱意的眼神"

看着你，你管不住自己的心动怎么办？

还是管住吧。在点头之交阶段，你对这个人还没有爱情，很容易控制对他的好感。最好是将好感完全熄灭（正如《办公室恋情》中的维洛奇卡说的那样，对一个有智慧的人来说，没有什么是做不到的），或者将好感"推迟"到可以发展新关系的时间。

在深入了解和亲近阶段，有一个需要引起警觉的信号：当被问及个人生活时，对方以"哦，别问了，很复杂""宝贝，生活是个复杂的谜题""没有正式离婚，但是随时可以离婚，我和我妻子就是住在一起的邻居"来搪塞。

但是也有这样的情况：男人勤勤恳恳地扮演着单身汉的角色，甚至拿出了配偶栏空白的身份证明，但是经过一年的相处，你发现他和一个女人住在一起，他们还有孩子。

如何避免这种情况？显然，需要仔细观察矛盾点。例如，这个人不断推迟最初定下的结婚日期，或者总是周期性地消失一段时间。当然，有经验的骗子会想方设法安抚你，让你放心。但是，一个屡次违背承诺的人值得信任吗？

此外，还可以通过其他迹象辨别。例如，简·爱甚至从未想过罗切斯特先生已婚，但是他的施虐倾向非常明显。我无法判断在19世纪，一个可怜的单身女人除了"顺从"雇主，是否还有其他选择，但是生活在现代社会的我们有机会通过判断施虐的总体情况，将施虐者从我们的生活中踢出去，而不必等到得知他已婚的消息。

总结一下。如果你已经陷入了三角恋，一定要把对方的这种行为归类为恶意欺骗，得出对方是个"人渣"的结论。他就是个"人渣"，根本毋庸置疑。

66.他很喜欢我,但是他已婚

> "我和一个男人相爱,但是他还没有离婚,而且他也不爱自己的妻子。面对这种情况,我该怎么办?难道真的要放弃可能是自己真命天子的恋人吗?"

通常来说,一个心理成熟的人会先结束一段关系,然后再进入另一段关系。也就是说,他不会在爱上别人后才与自己的妻子离婚,而是一旦意识到自己对婚姻不满,就会结束婚姻,然后再寻找自己喜欢的女人。

但是,生活远比浅显的道理更复杂。而且可能发生的情况是,对自己的婚姻不满意的男人,并没有采取任何措施改变婚姻状况,突然就遇到一个自己喜欢的女人。

在这种情况下,正常人会怎样做呢?解决问题——离婚。但是,他不会给你开空头支票,不会不急着和你共同生活,也不会在拖着不离婚的情况下,还把你当成情人"抓着"不放。

因此,如果你的生活中出现了一个与众不同的人,他还没有从以前的关系中走出来,请放慢速度。看看他的实际行动,而不是相信他热烈的承诺和诚挚的保证:你这样的姑娘是他穷极一生追寻的对象,但是现在你必须耐心等待一段时间。

如果对方迟迟不作决定,却坚持让你和他"认真地交往",你就会陷入电影《命运的捉弄》中纳佳·谢维列娃的处境的第一个阶段,她"结婚了,但是……没结成"。

与一个"还没有决定离婚"的人保持友好关系似乎有可能,但是也可能很危险。我的博客上有不少关于女性和已婚男人"做朋友"的故事,她们最终都会发现,自己意料之外却又情理之中地"无法拒绝与他进一步发展关系",就像很久以前的言情小说中写的那样。

因此,尽管你们激情四射,但是这个男人仍然犹豫不决——请否决他所谓的"友谊",千万不要与他浪漫地在公园散步,不要与他一起在酒吧玩几个小时,也不要去他家看他收集的邮票。

第 3 部分
与施虐者同眠

67.消失的激情之夜

> "我和一个男人发展了一段奇怪的关系。我们三个月内只见过一次面,大多数时候在社交网站上聊天,所以我们准备再次见面,而且是'成年人式'的见面。我们为此计划了很久……
>
> "整个一星期里,他都在给我发充满激情的短信,幻想着我们将会怎样激情四射,说他等不及到周末了……然而到了周末,他却不知去向。
>
> "我已经非常厌烦他'放鸽子'的行为!我开始怀疑自己有问题:要么他对我不是特别感兴趣,要么他怕我。但是,如果他对我不感兴趣,为什么会给我发那样的短信呢?我感到很困惑……"

谁没有遇到过这样的男人?他发信息或者亲口告诉你,他会如何与你度过激情四射的夜晚,但是最后却躲着不露面。这种"爱好"有一个名称:恋秽语。也就是说,在没有真正的性行为的情况下,喜欢慷慨激昂地谈论性。

为什么会发生这种情况?如果我们明白,自恋者既不需要爱,也不需要性,只需要自恋资源,答案就很清楚了。这种行为可以滋养他的自大感——"家庭主妇、寡妇,甚至女牙医都爱他"。

在现在的信息技术时代,自恋者的生活变得更好,玩得更丰富多彩。在现实生活中,与几个女人保持性关系确实很消耗精力。但是在互联网上，与几十个人"龌龊"地调情，就能大快朵颐获得自恋资源。

自恋者是如何挑起我们狂热的欲望的？技巧很简单："挑逗我们，但是不'真刀真枪'上阵。"自恋者很快就能突破你的界限，挖掘你内心的欲望，吹得天花乱坠，激发你对激情的各种幻想。但糟糕的是，你无法在现实生活中与他接触。或者当你和自恋者约会时，他会装出一副"我是处男，从来没做过"的样子。

一般来说，"挑逗但不付出"是自恋者最喜欢的一种操控方式。正如一些读者描述的那样，他让受害者一直期待着一个充满激情的夜晚，通过挑逗的语言、眼神和抚摸来推动受害者欲望的发展，但是到了约会那天，他突然消失了，也不联系受害者。

或者他会说他突然有事。他有正当理由——发生了不可抗的事件。在一段时间里，受害者相信了他的鬼话：的确，每个人都可能会遇到突发状况。而且他不断给受害者希望，"激情"即将到来……

不用说，如果"激情"真的发生了，通常完全不像之前双方所讨论的那样。受害者可能会由于三秒钟就结束、没有快感、消耗性的性爱而抓狂。

在我发的帖子中，有一些非常富有戏剧性的故事：有一个变态人格者在数年时间里没有和伴侣发生实质性的性爱！受害者感到自己被严重贬低，没有吸引力，甚至令人厌恶，不性感，最后她在心理医生甚至精神科医生的帮助下才爬出了这个坑。

那么，为什么自恋者会牵着我们的鼻子走，把激情之夜搞得一塌糊涂？至少有三个原因：

⊙为了获得自恋资源。他可以用最小的代价，感受到自己是让女人有欲望、钦佩、迷恋甚至痴迷的对象。

随着现代社会信息技术的发展，许多自恋者甚至不需要"抛头露面"培育自恋资源。我们这个时代的自恋者在互联网上编织自己的情网——通常使用非常简单直接的技巧。例如，同时交往数个女人，用事先编好的话跟她们聊天。你收到的信息是他从别的地方复制、粘贴，然后发给你的，他收到的却是你生动的、充满感情的回复。

⊙享受嘲弄你的乐趣。自恋者并不真正需要性，他只是把性作为获得自恋资源的一种方式。自恋者嫉妒你活泼的气质和性能力，他幸灾乐祸地拒绝与你发生性关系，让你感到沮丧。

⊙建立并保持对你的控制。虐待狂一想到自己对另一个人拥有绝对的控制权，就会热血沸腾，对他来说，这比什么都重要。忽冷忽热，给你希望再让你绝望的游戏，是"磨平"和软化受害者意志，达到任意搓圆捏扁受害者目的的好方法。

因此，如果你不想为梦寐以求的夜晚等待数月和数年，为他"诡异"的拖延找借口，就要学会迅速识别"嘴炮"[①]爱好者并与他划清界限。

如果一个男人没有准备好与你发展进一步的关系，或者"信奉不允许有婚前性行为"，也没有人强迫他接近你，在这种情况下，他还

---

① 网络流行语，指一些人发表一些自己无法做到的言论。——译者注

给你发具有挑逗性的短信,或者有其他挑逗性行为,就是不恰当的,是带有操控目的的。

重要提示: 发言辞过火的短信并不总是坏兆头,但我认为发短信之前应该已经有过实际的性行为。情侣在约会期间和短暂分离后互发言辞挑逗的短信,是很正常的。

然而,与一个虚拟或不熟悉的人认识的第二天,他就激发你内心的性幻想,而且还发图片——几乎可以肯定,你是他"网络后宫"的一员,甚至他就是个专门勒索自恋资源者。

有一个让人感到苦涩的悖论:通常,厌倦了自恋者丈夫的冷漠的女人,会向第三者寻求发泄。这种情况也是比较常见的。一开始跌宕起伏的虚拟情景,给了她莫大的希望,但是这通常没有任何下文,或者让她在六个月后勉强获得寡淡无味的(而且往往是羞辱性的)性生活。

68. 他由于"爱惜"我，才不和我过性生活

> "我和一个男人已经约会两个月了。我对他有很大的'性趣'。他也是如此。我能看出来他看我的眼神中仿佛有火苗在燃烧。如果他对我没有'性趣'，他为什么要和我约会？只是我们没有发生性行为，尽管我们早就成年了。
>
> "我试着问他出了什么问题。他皱着眉头说，他非常尊重和爱惜我，不想通过性生活玷污我。我不明白！他一边给我戴了高帽子，一边又拒绝了我。"

柳博芙·德米特里耶夫娜·门捷列娃嫁给亚历山大·勃洛克[①]后也遇到了类似的情况。从逻辑上讲，她期望有一次激情四射的蜜月，但是她丈夫对她说，她对他来说是天使一样的女人，他不能也不愿意和她睡觉。

然而，勃洛克对其他女人并不如此"虔诚"，据他说，这些女人对他来说不过是用来发泄欲望以及充当门面的。柳博芙·德米特里耶夫娜看在眼里，急在心里，随后她决定效仿丈夫的做法，从此走上了一条充满希望和伤害的戏剧性道路。

许多被自恋者伤害的受害者都注意到，在恋爱初期，尽管受害者

[①] 19世纪末20世纪初俄国著名诗人。——译者注

的情感很强烈，但是自恋者却顽固地拖延着，不与对方发生性关系。不，没有人强迫他迅速建立亲密关系，在这种情况下，双方都有自己的节奏，但是不知道出于什么原因，他在挑动你的情绪！用语言、眼神、抚摸……这就是你对自恋者萌生出强烈的欲望的原因。

但是，几个星期和几个月过去后，你们仍然毫无进展。你们是处于热恋中的人，而且他也有性经验，俩人也在计划着长久的未来，他表现出"道德楷模"的样子实在令人困惑。而自恋者对此有一大堆解释，乍一听这些解释似乎很有道理，甚至是……奉承你。例如，他说他对你有非同一般的感情，他不想通过性生活"玷污"你们的关系，还说这世上有"圣母"，也有"妓女"，"有些女人是用来发泄欲望的，有些女人则不能沾染俗世的烟尘"。他之所以这样做，是因为"尊重"你，"珍惜"你云云。

我的博客上有一些故事，故事中的一些受害者从来没有与自恋者"灵肉合一"过！你能想象得到这对一个女人的心理是怎样的打击吗？而自恋者非常清楚这一点，他通过不过性生活羞辱、贬低受害者。因此，受害者和自恋者第一次发生性行为往往是由于受害者"扑倒了他"。自恋者故意将受害者带到了这种状态。当他被"扑倒"时，当他被当作性对象"献媚般地被需要"时，他就有了强烈的豪情壮志。

不用说，如果你第一次"扑倒"他，之后的每一次就都要主动，而且不是正常意义上的主动，而是屈辱意义上的主动。在此之后，你想过性生活都需要"自力更生"，你不得不通过"取悦主人"来获得性生活。也就是说，你们不是灵魂和身体的结合，而是一方对另一方的性剥削，而且你通常得不到满足。

我想，就是这种女性，成了各种教人们怎样获得更好性爱的课程的主要听众。在这些课程中，心灰意冷的女士们学习各种性爱技巧，以及其他完全不必要的做法。她们沉溺于自己是没用的恋人的想法，苦苦思索，自己还能通过哪些自恋者没有尝试过、在其他地方也体验不到的技巧来取悦他。也就是说，让自己成为自恋者"独特的商品"，在性方面拴住他。

想想看，在性爱方面他为什么要"珍惜"你？难道性爱是危险、具有破坏性、需要远离的东西？

尊重与性爱又有什么关系？对正常人来说，性爱与对所爱之人的尊重是互补关系。但是心理还停留在童年阶段的自恋者，只能从"圣母或妓女"的角度思考问题，对所有女人表现出的活力、丰富和多样性的欲望、精神健康感到羡慕与憎恨。

69. 他痛苦，是我的错？

> "我们都是快四十岁的人了，已经约会了两个月。接吻，隔着衣服轻轻抚摸，这些都做过。我觉得我们已经准备好一起睡觉了，然而他的行为却很古怪。他减缓了我们恋爱的进程，但是过了一天又问我，我们什么时候发生性行为？当我回答说我已经准备好了，我们可以商定一个时间时，他又顾左右而言他，然后我们再次接吻。
>
> "最近，当我问他为什么没有心情时，他生气地说，他阴囊处的皮肤被蹭破了，走路都感觉疼，这让他压力很大。不知为何，他觉得这是我的错。我很震惊：我不介意发生性行为，他才是推三阻四的那个人。我该怎样理解他的行为呢？"

最有可能的情况是，这个男人正在有意识或无意识地同时完成几个自恋任务：

⊙迫使你去"追求"他，让你努力成为诱人的性感女人。你做了对任何男人都没有做过的巨大努力（你没有必要这样做！），但是双方的关系依然没有多大进展。很多女性被迫怀疑自己的吸引力，或者由于害怕遭到拒绝而表现得讨好男人。

⊙他会通过释放双重信息（"我想发生性行为"——"有阻碍"）

动摇你，让你焦虑不安，让你猜测、担心，让你想方设法试图弄清楚背后"神秘"的原因——从而导致你把自己生活的重心越来越多地集中在他身上。

⊙他鼓励你主动"扑向"他。也许不仅是扑倒他，你还要解决其他问题：邀请他到你的住处，在酒店开好房，准备好茶点……

后来，你的主动会被他扭曲，说这只是因为你自己想要，他没办法拒绝。当然，之后的约会只能由你花钱去组织。所以，不要被这些把戏迷惑。

⊙他将从你无法获得他的崇拜、欲望和其他东西而感到沮丧中获得自恋资源。

⊙会让他认为自己比其他男人优越而自鸣得意。其他男人很容易追求，他却很难得手，他是独一无二的，必须用特殊的方式得到他。

⊙使你对他的身体不适感到内疚。对一些女人采用苦肉计，总是能获得出乎意料的效果，她们会立即为男人安排"诊疗"。这正是女人出于自证魅力的需要。

同样有趣的是，由于自恋者相信迷信思维的力量，他会很自然地将明显不相关的事情联系起来。在与你约会却没有发生性行为后，他在生理上感到不适——所以他认为罪魁祸首……是你，毕竟这种不适感与你有关。没有你，它就不会疼！你是否陷入了他的强盗逻辑？

所以，你遇到的情况不正常，需要你提高警惕。

70.我对他有很强烈的性依赖

> "我明白,早就应该和他分手了:他把我羞辱到了极点。我痛苦、忍耐,向往自由,但是仍然不可控地走向他,因为我在性方面对他有非常强烈的依赖。我自己都憎恨和鄙视自己。"

许多人跟我谈到对施虐者的性依赖。女人们将与施虐者的性爱描述成"神奇的""美妙的""令人陶醉的"。但是,如果变态人格者无法享受亲密关系,从本质上来说就是无性的。这是为什么呢?对这种现象至少有三种解释。

首先,因为受害者和施虐者正处于热恋中,或者受害者对施虐者有情感上的依赖,正处于高度的感性状态。因此,"令人陶醉的"性爱的提供者根本不是无感、"冷漠"且往往被动的施虐者,而是不习惯无拘无束、真诚表达的受害者。在两个人关系发展之初,这种感受被受害者放大为性欲的激增和绽放。

然而,随着关系朝着榨取①的方向发展,受害者往往会迷恋上性,在性生活上变得"贪得无厌",但是精神上却得不到满足。有些受害者甚至会严重蔑视自己。

---

① 关于破坏性情景的各个阶段,请阅读《恐惧吧!我与你同行》一书。——作者注

显然，之所以出现这种情况，是因为受害者似乎认为性是留住施虐者、让施虐者对受害者印象深刻、"激发"施虐者的情感以及……让施虐者产生被需要、自己很重要的感觉（这是施虐者严重缺乏的感觉）的唯一方法。性在这种关系中就像一剂快速起效的止痛药，其效果是瞬间的、虚幻的，所以必须不断重复进行。

其次，引用心理学家和心理治疗师叶莲娜·艾米利亚诺娃的话，"一场暴风雨般的、充满感觉的性行为往往是压抑情绪的结束动作"，是受害者痛苦后的爱的激情体验，也是受害者依恋地把施虐者永久地牢牢抓住的"钩子"。

性爱"治愈"了受害者精神上的痛苦，并迅速让其成瘾——就像其他任何成瘾一样。受害者生活的重心偏离了，并且迷恋上了性，就像酗酒者迷恋上了酒精，赌徒迷恋上了赌博。但是，受害者对这种"药物"的耐受性很快就会建立起来，因此需要更大剂量的猛药来"治愈"自己。

第三，变态人格者非常巧妙地营造出"灵肉合一"的感觉。因此，刚开始你会觉得自己找到了各方面都"对的人"。变态人格者在"努力"了一段时间后，你开始对他形成了情感和性方面的依赖，之后你自己就会为对方做很多事情，甚至不惜一切代价留住对方……

71.对于性,他从需索无度变成冷淡

> "我不明白发生了什么。他对性爱的态度从需索无度变成了冷淡,我不得不向他乞求性爱,但大多数时候得不到,或者得到了也让我非常不舒服。我对他不再有吸引力了吗?但是我看不出自己有什么根本性的变化……"

这是与自恋者发展两性关系的典型模式。一夜的激情只不过是他为你举办的"促销活动",但现在的你被他突然的冷淡吓到了,以至于没有发现客观原因。毕竟,就在昨天,你们之间的性生活还很和谐!

一旦自恋者确信自己对你拥有了绝对的权力(以及对方认为你对他的爱,是自愿服从),对方就开始操控你。最常见的是按"配给制"给予你性爱,也就是说,当对方想要获得性爱的时候,就会以自己感兴趣的方式和程度给予你性爱。通常情况下,受害者会被下达最后通牒:要么接受他的这种行为,要么什么都不做。

激情被贬低和嘲弄取代。昨天还是诗情画意,今天就突然说你的肋骨凸出,硌到他了,说你"笨得像个中学生",说这是自己第一次在性方面不和谐,在此之前自己和其他人做得都很棒。尽管你清楚地记得,昨天你也做得很棒……

这里有一个问题，在自恋者突然变得冷淡之后，是什么让"愚蠢的"受害者假装高潮，甚至自己脱掉裤子，接触对方的身体，并取悦对方呢？很显然，受害者害怕来自自恋者进一步甚至更严重的贬低、拒绝或背叛，因为"好的伴侣不会让自己的配偶有情人存在"……

有时候，自恋者并不会用语言贬低受害者，而是采用保持沉默这种很冷漠的方式。你问他的时候，他会说没有问题，一切正常，没有必要"给他施压"，"唠唠叨叨地纠缠他"。

或者，在和你过性生活的时候……他同时还在看电视或以其他方式"不参与性行为"，以此向你表现出不感兴趣的样子。或者，你在取悦他的时候，他却在浏览 Instagram 页面或打电话。还有一种常见的贬低形式——他在接受你的爱抚时，几乎是双手抱头，不碰你。总之，他做的一切都会让你觉得自己是成人用品店里的性爱娃娃，是"工具人"，而不是真正的女人。

以前的"和谐"消失了，受害者开始对自恋者"耿耿于怀"，想尽办法让一切"回到正轨"。受害者觉得自己对这种不和谐负有责任，但是不知道如何解决，如此便引发了自己的强迫性反思。为什么他变得冷漠了呢？也许我在某些方面让他很失望？给他按脚，做得不像电影里那样诱人？生殖器的形状"不好看"？于是，受害者开始"学习性知识"，询问"如何引诱性伴侣"，勉强同意对自己来说不可接受的做法——只是为了尽可能高质量地"取悦"自恋者。

但是受害者往往只能收获相反的结果。你在床上越有诱惑力，越放松，越熟练，你受到的嘲笑、冷遇和拒绝就越多。自恋者喜欢粉碎你的希望，使你的努力化为泡影。

我认为，在自恋者第一次唠叨和贬低你的身体、气质、性技巧时,最好立刻终止与这种人的关系,因为这是践踏你的女性气质和人格的行为,毕竟你的女性气质和人格是相辅相成、密不可分的。

自恋者确实很快就会对与你发生性行为感到冷淡,因为他无法发展、加深这种关系,并在其中找到比"蜜月期"的欣快感更新、更有"质量"的快乐。由于自恋者的性兴趣建立在新奇的基础上,即使在新伴侣身上,他也找不到新奇的东西(如果表面上把性伴侣看成一个物品),因此很快就会感到厌烦。一般来说,这是自恋者的自然状态,只有新的刺激才能让他短暂地"振作"起来。

72.丈夫和情人都是自恋者

> "我的丈夫几年来一直不将我当作女人看待,从来不和我好好说话,只会责骂我。我不再寄希望于他,绝望中找了个情人……而现在我又陷入了同样的境地!我只能向情人乞求性生活。"

除了自恋者,你还能从谁那里知道很多关于自己的新内幕呢?例如,你是一个"花痴"?尽管到现在为止你的性欲很正常,而且你高涨的性情(如果有的话)只会让你和你的伴侣高兴。

然而,与自恋者在一起,性欲就成了祸根,你会被对方定义为沉迷于上床的人。这并不仅仅因为你在性方面处于饥渴状态,自恋者偶尔也会"善意"地同意你去取悦他,当然更多的时候是拒绝。

也正因为不断被拒绝,你的自尊心会受到伤害,越来越怀疑自己的吸引力和性能力。即使自恋者对你来说像是"定时炸弹",你仍然会被这种情况折磨,无法抽身。

如果自恋者在拒绝你的同时还说些贬低你的话,那只是正常状态,绝非例外。例如,他会说,"利亚的内衣更漂亮",或者他喜欢金丰满的臀部,比你扁塌的屁股好看多了。还说你做得不好,曾经有一个性伴侣给自己如何如何做过……

这就是自恋者控制你的方式:在他需要的时候,他就会抛给你糖衣炮弹(这样你就不会逃跑);在他不需要的时候,他就会让你感到沮丧、内心变得脆弱，让你急于"缓和关系"，"回到激情时刻"，否则你就会担心失去他对你的爱。

迟早会有一个情人进入这样一个饱受折磨的女人的生活。通常情况下，这个情人也是个自恋者、"清道夫"，"随时准备"钻这样的女人的空子——一个在性生活上得不到满足，甚至被冒犯、想要别人对他感兴趣的女人。

现在，思考一下有关这个女人的"悖论"：她在自恋的丈夫那里无法获得性的情况下，找了个自恋的情人。表面上看，让她痛苦的根源是她的丈夫和情人。但是在外人看来，她放荡不羁，是个很容易上钩的女人。实际情况是，这个女人与丈夫和情人都没有发生性行为，但是她却被洗脑，认为自己和两个人都发生了性行为……这是非常普遍的情况……

73.他想让我和别人睡

> "自恋者愿意有性妻[①]，或者希望他的妻子与其他男人睡觉吗？"

确实如此！这种做法满足了自恋者的一系列变态欲望：

⊙他想获得对自己的"财产"拥有绝对支配权，并让被支配者无条件地满足他所有欲望的感觉。

⊙增强他作为"人人都喜欢的女人"的"主人"的自大感。

⊙他想让妻子看起来像个妓女，而他自己则是受害者（然后妻子就无法逃脱了！）。

⊙实现自己半有意识地想要被羞辱的愿望。

⊙"牺牲"自己的妻子以获得各种好处：职位、金钱等。

⊙他想不断地追求"刺激"，否则会非常无聊。

令人惊讶的是，许多人将"性爱"解释为"好色之徒"心血来潮的行为和主动行为。"可怜"的丈夫被描绘成痛苦的一方……而且他如此爱妻子，为了她的幸福，他可以委曲求全。

但是，情况通常不是这样的：丈夫或情人明显或者隐隐地控制着

[①] 一种性行为，是指一个男人的妻子与另一个男人有外遇。——作者注

"淘气女孩"的冒险。而这个问题几乎从世间万物产生开始就有了,例如,根据两个世纪前的真实故事改编的电影《Y夫人的丑闻》。

富有的贵族西摩(Y夫人)17岁时为爱结婚。但是她的丈夫却把她带去和自己的伙伴们上床,他自己则透过钥匙孔享受着偷窥的过程。可怜的西摩在6年里有27个情人,最终她与其中一个情人私奔了。她的丈夫把她告上了法庭,要求"欺凌者"赔偿他20000英镑"财产损失"。

西摩在法庭上倾诉了自己的所有遭遇!她的丈夫——这个性变态者最终只获得了一先令的赔偿,但是西摩的声誉却跌到了谷底。大众将她污名化为"妓女"。

西摩的丈夫没有和西摩离婚,这意味着她的嫁妆仍在他那里。她的情人也抛弃了她,她成了"交际花"——换句话说,就是靠姘头养活的女人。这是她不得已而采取的做法(毕竟她还是要生活下去),也是性虐待的"合理后果"。她觉得自己"有罪""肮脏","我已经没有什么可失去的了",然后任凭自己堕入深渊。

你并不总是因为被丈夫明显的强迫而与别人上床,就像西摩的情况一样。将你推向万劫不复境地的手可能隐藏得非常深——以至于你认为是自己主动提出了这个要求!

举一个例子。我的一位读者的丈夫(自恋者)突然开始夸奖自己的某位男同事,并与妻子长谈这位同事的情况。妻子"善解人意"地听着。但是后来丈夫却说,妻子暗自喜欢上了这个男人。妻子否认了。但是丈夫坚持说自己能"从她的眼睛里看出来",并让她不用太紧张，只不过是性幻想而已。最终，妻子只好疲惫地点头承认。

然后，丈夫说他会帮助他们走得更亲近。他引诱同事来家里做客，自己则借故离开，并嘱咐妻子向对方施展自己的魅力。丈夫的这个要求被妻子拒绝了。她在给我的来信中写道："我意识到，如果我允许这种情况发生，他就会把他的变态行为转移到我身上，通过指责我通奸的方式纠缠我。"

比我们想象的更常见的情形是性妻交易。经典文学作品中的一个例子——契诃夫的《挂在脖子上的安娜》中，安娜的老年丈夫是事业型男人。因此，他"没有注意到"自己好色的上司一看到安娜"就像猫看到酸奶油一样"，也"没有注意到"上司为什么经常来他家里做客。契诃夫没有告诉我们这背后都发生了什么，但是他确实提到安娜的丈夫比他计划的更快地得到了另一个订单……

在车尔尼雪夫斯基的小说《序幕》中，丈夫强迫妻子更进一步迁就"需要讨好的男人"，并称这是为了他们夫妻的共同利益！而当女人直言不讳地说，自己被肆无忌惮地性骚扰，仅靠调情已经不够了时，丈夫却说她在夸大其词（煤气灯效应！），并强迫她继续和她厌恶的男人一起玩。

还有一位女性读者这样说："我在结婚20年后和丈夫离婚了。他强迫我和别的男人睡觉。起初我试图从丈夫那里得到答案：他怎么能这样对待自己的妻子和自己孩子的妈妈？丈夫回答说这会让自己兴奋。同时，他暗示我，其实我也想这样做，这是我的本性，他只是发现了我的本性，并给了我想要的东西而已。他还说如果不是他娶了我，我很可能就是一个妓女。从某种程度上说，我开始相信自己是个堕落的女人。当我意识到再这样下去自己可能会失去人格时，我就离开了他。"

重要的是，只要你（这是个关键词！）想要，就可以尝试得到任何东西。

如果你是在遭受压力的情况下"独立"作了决定，无论压力多么"温和"，这个决定就不是出于你真心，而是暴力驱使的结果。因此，我们需要学习如何区分自由意志和"自我意志"，"自我意志"是各种操控带来的结果：贬低、煤气灯效应、归罪、讹诈。

74.我改过，悔过，但他还是折磨我

> "在一个特别的雨天，他再次和我大吵大闹，并转身离开后，我和一个老熟人睡了。之后，我与他重归于好。在此后的一年里，除了'婊子'和'妓女'，我没有其他名字。我意识到自己做错了，但是我不知道如何赎罪。我已经尽力满足他的所有要求，也按照他的要求详细地讲述了发生的一切。我已经忏悔了无数次，但是他并不满意……"

冲动之下背叛施虐者是很常见的事情。我们对不爱（更确切地说是恨）、丑闻、贬低、没有灵魂的性（更常见的是没有性）如此厌倦，以至于在某些时候会一头扎进陌生人的怀抱。

出轨并不能让你解脱，但是由此而产生的内疚感会摧垮你。施虐者会无所不用其极地让你的内疚感迅速膨胀。这让人感觉你的出轨甚至……取悦了他。毕竟，现在他有一个"正当"的理由升级自己的恐怖行为，因为"这是对付你的唯一方法"。

这其实是为受害者准备的陷阱。由于深感内疚，女人付出了巨大的努力赎罪。她把自己彻底改造了一番，但仍然被嫌弃，甚至可能更糟糕。更可怕的是，她也相信自己不检点。她说："嗯，这确实是我的错……"

别说了！内疚感是真实存在的，也会不断膨胀，它就像套在你身上的枷锁，但这不是任何人欺负你的理由。在正常的关系中，对方要么意识到自己不能原谅某些事情而与你分手，要么原谅你——尤其是你已经悔过和道歉。

施虐者是怎么做的呢？施虐者会视你为粪土，要求你"完全公开"亲密的细节，之后还会借此进一步恐吓你。许多受害者为了摆脱施虐者，或者至少是暂时摆脱，甚至会"忏悔"根本没有发生的事情！

而且有时候根本就没有背叛发生！你与某个男人（朋友、同事、亲戚）只是正常的社交，施虐者却冤枉你出轨——对你的谩骂开始了。

施虐者往往是来者不拒，但是你不能抱怨他！毕竟"是你把这一切搞砸了，是你把他推到了其他女人怀里，你不过是自食其果"。

结论：如果男人在你出轨后仍然留在你身边，但是开始恐吓你——这在心理上对他有利，那么他就是施虐者。狡猾的施虐者还会非常有计划地利用你的"过错"对付你。我们在车尔尼雪夫斯基的《序幕》中看到了这样一个例子：萨维洛娃有一个情人，但是她的丈夫选择"原谅"了她。然而，在某一刻，他开始利用这个秘密和丑闻勒索她，要求她勾引一个有权势的男人——她的丈夫想通过出卖妻子来提高自己的社会地位。

75. 他想要，但是自己喊停了

> "我男朋友在床上的举止很奇怪：刚开始他让我很兴奋，但是，在我兴奋起来后，他却突然停下了。他说他已经失去了继续下去的兴趣。然而，有时候我可以感觉到他想继续下去，他好像是为了'故意刁难'我才停下来的。该如何解释这种行为呢？"

这是电视剧《我会毁了你的节日》中的情节。自恋者对你的情感、性能力、生活品味的嫉妒，催生了他想让你的希望破灭、破坏你的心情的恶毒念头。他绝对不会让你太得意！

所以，他只会与你做一次爱，而且不会有第二次，即使他自己也想做爱。反之，如果你没有心情再来一次，他可能会一再坚持。他行为的重点是迫使你遵循他的意愿——摧毁你的快乐。

76.他算计我的高潮

> "他从我们刚谈恋爱开始就经常告诉我,他的历任女友都痴迷于他,每次性行为都以同步的高潮结束。但是,我和他之间的性行为并没有达到这种程度。他很生气,说我有问题!
>
> "所以,我开始假装高潮。尽管和他之间的性行为并不特别愉快,甚至让我很痛苦,但是我非常害怕'犯错'——我感觉自己比他的历任女友都差劲,因此想赢得他的赞美。然后我就看到他在证明了自己的男性力量后,是如何'孔雀开屏'的。"

当我听到女人要"学习"性高潮,并普遍对性高潮这个话题感到神经质,对性高潮有执念,以至于需要去参加各种研讨会和特别课程时,我明白这很可能是男人对她不断施压的结果。

通常情况下,自恋者会很直接地关心你的性高潮,我们将其合理化为"性爱利他主义",但事实往往相反。显然,迷恋性高潮的男人并不真正关心伴侣是否满足。他想要的不过是不断补充自己"能给女人强烈性高潮"的虚假的自我满足感——以狂喜、恭维和达到高潮的方式滋养——必然是猛烈且后劲很足的满足感,而且越富有戏剧性越好。即使这样的高潮不是真的,他也宁愿"视而不见"。因为自恋者非常羞于揭露自己"外强中干"的事实,害怕被说成是"没穿衣服的皇帝"①。

当然，自恋者是不会让这种情况发生的。他通过贬低你，避免自己出现自恋性羞耻，来保护自己，而且还会颠倒黑白。他向你灌输"他与50个女人都有过多次性高潮"，实际上他"满足了整个敖德萨的女人"，只有你一个人是"性冷淡"……

因此，在过了一段时间后，如果你已经开始害怕谈及这个话题，害怕没有性高潮，每次上床都好像参加材料力学考试——你大概是由于长期被贬低，以牺牲自己为代价滋养自恋者"能给女人强烈性高潮"的自大感，而患上了神经官能症。真正的性爱大师会努力做得更好，而他甚至连最基本的"前戏"都不做。

不要让任何人支配你的性行为风格，也不要试图得到你所期望的反应。这是你在表达感情时保持自然的唯一方法。

---

① 安徒生的童话《皇帝的新装》的寓意。——译者注

77.他出轨了，但是会送我礼物

"我丈夫出轨很长时间了，我已经数不清他有多少个情妇。对此他也并不讳言。起初我感到非常难受，甚至想跟他离婚，但是有人告诉我，男人都爱偷腥，离婚太蠢了，划不来，不如想办法从这个男人身上捞到一些'好处'。

"于是，我开始要求丈夫给我补偿：礼物、奢侈品、出国旅行。即使如此，我仍然不快乐。现在我甚至不想看到他送我的礼物，我觉得他送这些礼物就是在羞辱我，就好像他花钱买了我的尊严一样……"

有一次，一位来自莫斯科的讲授性知识的老师邀请一些女记者参加她所在学校的开幕式。我对她用来激励学员学习"性爱秘诀"的口号感到非常惊讶和厌恶，口号体现的纯粹是讨好男人的动机："想让男人送你戒指吗？来参加'他的高潮价值百万'培训课程吧！"

现在已经是21世纪了，但非常可悲的是，我们还要为了获得一枚戒指而有条件地"讨好"男人！很明显，过去女人不得不用性来交换"戒指"，即便只是换一块面包。但那时只是为了活下去——不论是在社会上活下去，还是在生理上活下去。现在是为了什么？

两个女孩在舞会上差点儿打起来，这时……俩人的妈妈也吵起来了。原来两位妈妈发现自己的女儿在和"同一个"男人萨沙约会。

而其中一个女孩达莎的妈妈担心萨沙会离开女儿,不再给女儿买答应要买的冬靴。顺便说一句,达莎的家境不错,至少并不穷。那么,为什么这个女孩被教导要为性行为收费呢?

"出卖身体在我们家是可以接受的:为一枚戒指、一束花而上床",我的一位读者在来信中这样写道。

"如果一个有才华、有情趣的人通过给我赠送礼物的方式'诱惑'我,动辄给我花几千欧元,我会感到厌恶和鄙视:这个以个人品质吸引了我的男人,为什么不再靠个人品质推进彼此的关系,而是将浪漫关系变成买卖关系?难道他不相信自己的阳刚之气和个人魅力吗?所以,他展现出来的所有魅力都是一种假象,背后是一片虚无?"另一位读者这样说。

我同意这个观点。这个男人对自己的评价很低,他把自卑隐藏在伪装出来的自大背后。也许他并没有意识到自己是多么不自重。

但是还有一种可能:他想通过这种行为羞辱你,以此获得鄙视你的权利,从而背叛你,强迫你服务于他。然后他会"证据确凿"地认为,所有女人都不检点……

把送礼物作为虐待你的补偿,或者作为即将到来的虐待的"贿赂"——这个男人就是在贬低你的价值。然而,如果你同意接受这样的礼物,就是允许他把你当成商品,给你的身体和灵魂定价——从本质上讲,你的这种做法是在允许和鼓励他对你使用暴力。

除了被虐待,我们也会变得愤世嫉俗,失去自尊。这就好像我们接受了健康和自然的人类情感交流只是神话故事,现实中根本没有……或者说我们根本得不到。

78.他让我变成了受虐狂

> "施虐者说他会成为我的性爱老师，会向我揭示真实的我是什么样的。在遇到他之前，我不知道自己是这么容易服从的人。现在我越来越深陷这些性爱主题游戏。他一再坚持在性爱方面做越来越危险的事情——这会对我的健康和名誉构成威胁。但是，我居然不再拒绝他做这种事，最糟糕的是……我无法拒绝自己。如果我拒绝参与他的游戏，他可能会离开我。这是我无法忍受的。"

与集虐待狂和受虐狂于一身的自恋者生活在一起，你会发现自己的各种新面孔！电影《苦月亮》和《夜行者》就很好地描绘了这种情况是如何发生的。

这是否意味着你很容易被征服，就像你的施虐者伴侣希望你做的那样？在大多数情况下并不是这样的。当心理不由自主地启动适应机制来适应新的、难以忍受的条件时，在心理保护机制的作用下，我们会莫名其妙地变成"受虐狂"——特别是产生斯德哥尔摩综合征。因此，受虐狂的行为可以被称为是防御性的、情境性的，而不是"他本性如此"。

受虐狂的身体已经习惯了下列运行机制："爱"或许只能通过经受痛苦和折磨来"获得"，只有在遭受暴力后，才可以获得以认可、安慰或者至少是放松的形式出现的"甜蜜"。所有这一切都叠加在身体的特定反应上,就像用让你兴奋的物质支持你的"奖励"一样。这些物质一开始会让你产生欣快感,然后随着你逐渐习惯,欣快感消失,至少会暂时减轻疼痛和焦虑。

当然,你的心理和生理上很快就形成了病态的联系。这就是真正的成瘾,它需要你不断增加剂量和增强效果,否则你无法获得"奖励"。即使是纯粹的心理虐待方式(没有任何主题游戏),也是如此。

此外,你迅速增强的不自重、不自爱甚至自我厌恶,会以"受虐狂"的形式表现出来。你和施虐者在一起,就好像在"惩罚"自己,越来越贬低自己的价值,越来越扼杀自我保护的本能,就好像你在"慢性自杀"。

解决办法只有一个——打破关系,逐渐摆脱成瘾,对心理和生理进行反向"重置"。

既然我们谈到了这个"阴暗"的话题,就还要讲一个现象。一些女性读者给我写信,说她们甚至在遇到施虐者之前就有受虐倾向,而与施虐者交往只是释放了原有的隐秘需求。

我问她们:"受虐倾向的表现是什么?"她们回答:"我们梦想拥有受男性支配的性爱……"但是,你可能已经根据自己的经验意识到,幻想强硬的性爱是一回事,从施虐者那里接受真正的羞辱和痛苦是另一回事。

因此,许多人将此现象归因于自己的受虐癖好,但是我认为这是相当现实的。同时,在我们许多人心中,女性的形象、吸引力、性能力是与屈服、从属、服从于男性的意志联系在一起的。显然应该顺着时间线往前寻找根源:从童年开始,我们就习惯了这种女性形象。

所有这些都被女性社会化的特殊性、影视作品中无数"激情"关系的例子放大和助长。这时你会产生错误的想法：希斯克利夫似乎很残忍，而聪明的埃德加·林顿似乎是个无用的窝囊废，冷漠而空虚的奥涅金被刻画成谜一样的男人，而有爱心、开朗又有创造力的连斯基则以呆头呆脑的写作狂形象出现。当我们遇到自己的希斯克利夫时，我们想到的不是被打脸，而是得到他热情、忠实的爱。但可惜的是，我们被打脸了……

顺便说一下，有这样一种现象：喜欢幻想强硬的性爱和服从的女人，在面对正常人时，会冷静下来，在信任、温柔、相互利他的性关系中找到很多乐趣。这种情况并不罕见。

79.他说我保守

> "我的男朋友总是想在性生活中尝试新的、'前卫'的方式。如果他脑子里想到什么方式,他一定会付诸实践。如果我不同意,他可能几天都不跟我说话,还威胁说要在外面找愿意这样做的女人……
>
> "他经常说,像我这样保守的女人不适合他,他喜欢有激情、有进取心、随时准备尝试新东西的女人。他还说我有问题,我需要获得性自由,或者去看性心理医生。
>
> "男朋友步步紧逼,说我很自私,只想着自己快乐,不在乎他是不是得到满足,只有我对他好,他才会对我好。我对这种不断的抗争感到非常厌烦!我不知道该怎么办。也许他是对的,我真的应该去看性心理医生?"

我永远不会忘记在一家公司听到一个24岁的年轻人说的话。他和他的妻子在同一家公司工作,他当着大家的面感叹说妻子有多冷淡,他在卖力地取悦她("没有哪个正常的男人会这样做")——而她就像一根木头!所以,他给自己找了一个18岁的处女,现在他要和妻子离婚,和处女结婚。这已经是他的三婚了,但是能怎么办呢,难道要和如此不称职的妻子过一辈子吗?……

女人坐在那里,眼睛盯着地板,在十几双眼睛的注视下,听着丈夫关于自己的梦魇般的咆哮。面对这样一个信奉性爱利他主义[①]的丈夫，她大概率觉得自己不正常，并深感内疚，觉得丈夫只是被迫在另一个女人那里寻求慰藉……

你的性能力不可能在施虐关系中绽放。冷漠、拒绝、贬低、物化——这是自恋者对待你的方式。说起来，这些并不能让你毫无芥蒂地裸露身体。当你被羞辱得体无完肤，上床像受刑时，还谈什么和谐？你的丈夫公开告诉大家你们在床上的不和谐，这个举动本身就说明了很多问题。而且我甚至不敢想象他所谓"没有一个正常男人会做"的、让妻子迸发火花的行为到底是什么……

根据你说的情况，这个家伙正在将你物化，只把你当作性玩具，以满足他的变态欲望。众所周知，他的这种欲望会变得越来越强烈。最后能强烈到什么程度？去看看电影《卡拉》吧！这种欲望刚开始相对无害，是一对略带野性的年轻夫妇的性实验……

你的男朋友采用的是一套经典的操控手段，让你随着他的调子跳舞：

⊙贬低和煤气灯效应。这个男人在暗示你，认为你自私、性能力低下，需要治疗。但是他认为自己很棒！所以不要讨价还价，伟大的性爱大师说什么，你就做什么，这样就对了。

⊙用出轨和分手要挟你。他让你一直处于恐惧中，害怕"不讨好"他而被他抛弃。

[①] 这种"利他主义"的背后是什么，我在问题76的回答中已经讲过了。——作者注

我认为你遇到的情况有潜在的危险,至少你会永远生活在紧张中,担心他明天会提出什么要求。你会不断地意识到自己不能满足他需求的不足——这也会造成你疑神疑鬼、精神紧张或者出现性功能障碍。

但是,如果他真的把你"征服"了,你开始照着他说的去做——冒着损害自己的健康、名誉甚至丧失生命的风险,那就更危险了。

80.他当着同事的面贴在我身上

"我和一个同事恋爱了。本来一切都很好,但有一件事困扰着我:他真的很喜欢把我挤在办公室的隐蔽角落里。例如,如果我们两个人在茶水间,他可能会亲吻我,把手伸进我的上衣里面,甚至会拉起我的裙子。我不排斥激情,但是不能在那些地方,因为那里随时可能有同事进来,而且确实常常会被抓包!

"我已经告诉他我不喜欢他的这种行为,他也答应我不再这样做,但是他一直没有改过。这能说明他是一个施虐者吗?"

我们从主要标志开始说。如果这个人"听不懂人话",不顾及你提的要求,坚持做你厌恶的事情,这就是一种暴力行为。

事实上,自恋者喜欢炫耀自己的个人生活,根据自己的目标展示出"温柔"和"热情"等特质。而且他们可能:

⊙打造并维持社会性正常人的形象,滋养虚假的自我。例如,自恋者会牵着妻子的手散步,让妻子觉得自己被特别重视,这样他就获得了自恋资源,即来自他人的赞赏。如果女人告诉别人自己的丈夫有多残忍,不但没有人相信她,甚至有人还会批评她。

众所周知，希特勒总是在女士们坐下后才落座，还给秘书们送花。他达到了自己的目的——我们几乎在一个世纪后还记得他的"绅士行为"，这甚至让一些人感到困惑：也许他也不是那么没有人性，毕竟他对女士很有礼貌。

一些自恋者倾向于在公众面前表现出理想丈夫或童话中王子的形象，另一些自恋者则倾向于扮演超级海王的形象——当然，这里我们需要"实际"的证据。这样的自恋者会经常和女人调笑——有他人在现场的时候，他几乎想把女人扑倒在接待大厅里的沙发上。

⊙ 把你作为自恋战利品来吹嘘——如果你符合"带出去有面子"的女人形象。自恋者通常有"仅供内部使用"的伴侣，还有可供向其他人炫耀的伴侣，因为拥有这样的伴侣可以助长他膨胀的自大感。

⊙ 想通过炫耀你们的关系来羞辱你。我并不是说你应该在任何时候、在任何人面前都要隐瞒你们的恋爱关系。但是，在他人眼里像一对"正式"夫妇，与他人看到你们衣衫不整地亲热，是有很大区别的。自恋者会有意无意地以令你尴尬甚至难堪的方式精心安排性生活。

⊙ 想让你跟与他关系暧昧的其他对象发生冲突。自恋者"脚踏几只船"的情况并不少见，他的前女友、现女友、同时期和未来的受害者在办公室中彼此都一览无余。自恋者会轻易地玩弄"后宫"[1]成员的感情，今天翻这个人的牌子，明天又换人了。

---

[1] 自恋者的受害者等级见三部曲的第二部《这都是他们的事》。——作者注

⊙训练你。毕竟,如果你告诉他"不要",而他继续这样做,他就是在教训你:你的"不要"毫无意义。你的棱角被磨平,进而习惯于践踏自己的原则、违背自己的不适……践踏你自己,满足他的要求,而且你们交往越深入,他越是如此。

81. 他坦白地承认自己出轨了

> "我的男朋友坦白说,几个月前他和我的一位女性朋友偷情了。这对我来说是个巨大的打击,是双重背叛,我连续一个星期都吃不下饭!但是他告诉我,我没必要生气,因为她对他来说什么都不是,他只想要我。我真的会由于这点'小事'背叛我们的关系吗?实际上,他与我的这位朋友偷情不是为了获得快乐,而是为了……在她困难的时候支持她(当时她刚失恋)。他说我不应该生气和吃醋,因为他坦白了一切,如果他不爱我,他就不会告诉我这些事情。我现在不知道该怎么办,我担心自己无法原谅他……"

你的男朋友已经"巧妙地"扭转了局面!他只不过是在用各种手段操控你:

⊙让你产生内疚感。你怎么敢不欣赏他水晶般剔透的诚实?但是你不欣赏他的诚实是对的,因为这根本不是真正的诚实,他只是想通过施虐让你感到痛苦,让你与你的朋友绝交。一般来说,我认为如果男人选择你的女性朋友和亲属做他的出轨对象,他就是为了故意伤害你。

看看他是如何对你使用煤气灯效应的!出轨的明明是他,结果导致你"背叛"了这段关系!另一方面,他认为自己是最崇高的人——他在你的女性朋友最需要支持的时候帮助了她。施虐者常常把黑的说成白的,这就是典型例子。

⊙贬低你的主观生活感受。他说自己与你的朋友偷情是很常见的事情,这简直是"胡说八道"!

⊙压制你生气的权利。这个人"不允许"你生气和吃醋,也就是说,他试图剥夺你愤怒的权利。然而,站在你的角度,明明完全有理由生气。

82.他由于可怜我，再次和我睡了

> "最近我被男朋友甩了，我真的很难过。但是一星期后，他打电话给我，让我去见他。他很亲切、体贴，并告诉我，我对他很重要。
>
> "在我还没有想明白之前，我们就糊里糊涂地上床了。我以为我们和好了，会重新在一起，但是他说：'你怎么会这样想？我与你上床只是可怜你，因为你没有新男朋友，就因为我们分手了，你很难过。'
>
> "现在我的心情比分手的时候糟糕一百倍。我感到自己被羞辱，被唾弃。他为什么要这样做？难道我只配拥有'施舍'的性爱吗？"

首先，不要责怪自己。这个人是在故意引诱你进入他设的陷阱，然后羞辱你。而且他很可能想再次体验"施舍"给你的性爱。如果原来的理由不起作用了，他就会找新的理由达到目的，然后贬低你。

电影《咯咯咯》中安娜·米哈尔科娃饰演的女主角的前夫是一个标准的自恋者，他就是这么干的。尽管他们早就分开了，但是他依然积极地出现在她的生活中，布下浪漫的迷雾，诱使她与他发生性行为。但是第二天早上，等待这个女人的只有一桶冷水：他不满意她没有剃光腿毛和她的性技巧。

你如何才能在前男友这样的贬低下刀枪不入？显然只能和他彻底分手。他不是那种分手后还能做朋友的人。他会周而复始地展现出迷人的一面，给你希望，把你弄上床……然后把你从云端狠狠地摔到地上。第一次上当后，你就应该吸取教训，告诫自己以后离他远一点。

第4部分
离开吧！不要回头

83.如何下定决心分手?

>"如何下定决心离开施虐者?我曾经在和他争吵后离开过他好几次,但是有时候会自己回来,有时候是被他找回来。怎样才能不重蹈覆辙呢?"

最强大的动力就是,你要明白,如果继续陷入这段有毒的关系不能自拔,你会失去最宝贵的东西——时间!而你明明可以利用这些时间过完全不一样的生活。我们生来就是为了让自己幸福快乐。施虐者把我们的生活搞得只有痛苦和眼泪,夺走了我们最宝贵的财富——每一天、每一月、每一年。我们已经不可能快乐地重过一遍这些逝去的日子了。

我是无神论者,但是对于信徒来说,下列想法可能会引起共鸣:万物主宰者创造每个人都有其目的。与施虐者生活在一起,就是抛弃了自己的一切,让自己的才能永无施展之日——无法实现万物主宰者赋予你的价值。你没有力量,没有时间,也没有健康的身体来实现自身价值。施虐者将不是他给予你、也不属于他的东西——你的生命占为己有。有时生命就是指它字面上的意思,而有毒的关系会损害你的健康,缩减你的寿命。

如果你不信"宿命论",我建议你想一想:你现在过的生活是你想要的吗?你梦想有一个充满爱的家庭,但是,如果你的家庭里有施虐者存在,会怎样呢?你梦想有个孩子,也生了孩子,但是没有时间也没有心力照顾孩子，所有的精力都被施虐者"耗光"了；你想做自己喜欢的事情，搞创作或者拥有自己的事业，但是有毒的关系已经夺走并将继续夺走你的能量和灵感。想象一下，10～20年过去了，你一直过着这种贫瘠、糟糕、"非自愿"的生活。有多少时间已经不可挽回地逝去了，如果你不改变现状，又将会有多少宝贵的时间白白溜走？

我建议你不要负气（吵架时）地离开施虐者，而要在心理上做好准备。也就是说：

⊙你不要再怀疑自己的判断，他就是施虐者，他不是迫切需要你支持与理解的困惑且脆弱的人。

⊙你要克制自己的内疚感，不要觉得不是他"坏"，而你自己是个"歇斯底里"的人；不要觉得是你让一个好男人生活在地狱里，你活该遭受背叛和暴力对待。

⊙你要意识到自己必须永远离开施虐者，而不是第十次离开他，回娘家住一个月，"然后看他的表现再决定是否合好"。

⊙你要认真研究藕断丝连的问题，并对施虐者采取的任何手段淡然处之，即使他采用"狡猾"的手段。

⊙内心要充满力量，拒绝和施虐者藕断丝连。

⊙要坚定信心，不改变自己的决定。

⊙你要做好准备，不要让这个人以朋友、性伴侣的身份出现在你的生活中，不要与他有工作往来，也不要携家带口与他的新家庭成员一起去度假。

第4部分
离开吧！不要回头

显然，你决定离开施虐者时，往往处于伤心欲绝的状态（通常是你处于被压榨的状态）。这时，你很难不内疚自责，很难不执着于残存的幻想，总之，很难清醒地思考。

但是，你必须有精神支柱——坚信自己的决定是正确的。在这时候，你的身体和心理通常会支持你，从你没有意识到的储备能量中获得力量。要依靠本能并坚信自己是正确的，就像简一样，否则身无分文的她能去哪里……

你还要关注离开的"流程"，需要先弄清楚将来要去哪里，靠什么生活，如果有必要，可以存一些钱，找一份工作，学习新的专业，或者掌握一门手艺。即使是慢慢"不着痕迹"地拿走东西和复制文件，每一项也都不是轻松的任务，但是一步一步来总能完成……

如果施虐者特别危险，有家暴倾向——你还需要考虑许多细枝末节。其中首要的任务是争取时间逃跑，安全地逃离潜在的迫害，先想好去哪里、如何寻求庇护和支持。

84.如何在第一次就彻底离开施虐者,永不回头?

> "这是我第一次打算离开他,而且是彻底离开。我在您讲的故事中看到,几乎没有人能做到不回头:许多人要么自己回来,要么被劝回来。怎样才能在第一次就彻底离开呢?"

我知道,分手后保持坚定——无论是第一次分手,还是第五次分手,都很难。如果有下列情形,会更加离不开。

⊙与施虐者保持联系。在这种情况下,你会受到来自施虐者的指责、懊悔和侮辱的狂轰滥炸……你不能清醒地思考,施虐者会设法迷惑你。

⊙承受煤气灯效应的影响——这也是大多数受害者的特点,她们不再信任自己。而在被虐待后,她们都会受到创伤。

⊙怀疑自己做得是否正确,是否把事情"搞砸了"。一些人,特别是女人,如果迅速切断与不尊重自己的人的联系,往往会感到羞耻:"把自己的路堵死了""如果这样做了,根本嫁不出去""不能只考虑自己"。

"太爱自己"是会受到谴责的!按照"爱情谋士"的说法,爱自己少一些，爱对方多一些，才是爱情生活的正确打开方式！

要学会看清这些不留痕迹的操控，拒绝被操控，并且相信自己对情况的判断。别人想怎么生活，就怎么生活，他们愿意"无底线地妥协""牺牲自己去适应别人"，那是他们的事，你自己要有定力！

⊙ 受到自觉或不自觉地充当施虐者辩护人的朋友们——我在第125节"身边的人不停地念叨他"回答中谈到的"飞猴"的影响。

⊙ 难以摆脱依赖关系而独立生活。不能独立生活的人，即使在正常状态下也会感到缺爱，而在遭受重创后，缺爱会使内心有空虚感，衍生出对孤独的恐惧。

⊙ 从童年时开始就有根深蒂固的错误认知：不对等的"对自己所服从的人负责"，渴望成为"好人"，"包容""拯救"他人，即使自己受到伤害。

第一次离开施虐者，对自身既有好处，也有坏处。

好处：此时你还没有过于依赖对方，尽管你对他恋恋不舍，离开他让你撕心裂肺。但是请相信我，如果没有处于破坏性关系后期的受害者染上的那种瘾，就很容易戒掉！

坏处：怀疑这是不是施虐，或者也可能是性格强势的两个人在一起必然会产生的冲突？要不要在两个人之间寻找平衡点？心想如果就这样放弃，可能会错过生命中的幸福时刻！

第一次分手往往是在被泼冷水[①]两三次之后，双方"互相较劲"

[①] 关于破坏性情景的各个阶段，请参阅《恐惧吧！我与你同行》一书。——作者注

的阶段。要么你无法忍受不久前理想的恋情变成了被羞辱，从而试图甩掉施虐者；要么他抛弃你后，你觉得他不会回头了。

事实上，他在这个阶段离开你，不过是调教你的开始，试图让你"屈服"，迫使你跟在他屁股后面"跑"，让你放弃自己的不满、欲望和原则，继续按照他的原则交往。而施虐者坚信，过不了多长时间，你会主动给他打电话或者回应他。

这就是为什么你需要在第一次分手后就坚定地"斩断情丝"，让他看到你的力量、尊严和原则。他或许很快就会来纠缠你，因此你的抵抗并不轻松。但是要有耐心，要给自己不回应他的力量，不要怀疑自己的决定。通过精神和心理的极限拉扯，你会进一步斩断对施虐者的依赖。

与施虐者分手后，即便只复合一次，再想与他彻底了断也会难上加难。而且复合的次数越多，了断的难度就越大。在这段时间里，施虐者会洞悉你的弱点，知道哪些操控方式对你百分之百有效。你回到他身边不过是把自己的弱点暴露给他看，让他知道他对你有绝对的控制权，他一定会加以利用。

每一次回头，你都在逐渐失去自尊。第一次离开后，你可能坚信自己再也不会吃回头草。但是第十次……你就进入了"我是个意志薄弱的窝囊废，我什么都决定不了"的自怨自艾状态——更让帮助你的人对你"失望"，不自觉地确证了你对自己的低评价。

当然，你对施虐者的依赖也会随着每次回头而增强，进而变成戒不掉的强力"毒瘾"！

总结起来说，要想在第一次离开后就彻底断绝关系，你需要做到以下几点：

第 4 部分
离开吧！不要回头

⊙ 从现在起断绝与施虐者的联系，并且永远不再联系。

⊙ 坚定不移地相信你是对的，你对情况的判断是正确的，愿意与"自我怀疑"和解，直到能够对自己说："是的，我做了一件蠢事，我错了。我失去了一个好人，但这是我的决定。我作这个决定是因为我有充分的理由，我不会改变自己的决定。"

⊙ 知道在自己的伤口恢复时期自己会经历什么，并准备好咬牙度过这个时期[1]。

⊙ 与让你感到羞耻、内疚，说服你相信施虐者爱你，让你再给他一次机会的"帮凶们"保持距离。

⊙ 通过"正确"的渠道发泄悲伤（更多细节见第128节"分手后我还恨他，该如何挺过去"的回答）。

⊙ 摆脱对施虐者的情感依赖。

⊙ 如果实在无法自己度过，可以求助心理治疗和药物治疗。

---

[1] 关于这部分内容，请参阅三部曲的第三部《废墟重建》。——作者注

85. 我想离开他，但是他不放我走

> "我已经和他分手好几次了，但是他每次都会采取各种手段让我回到他身边。我想永远离开他，但是他不放我走……"

不放你走？姑娘，你是被父母送到小区的游乐场，让你不要乱跑，或者命令你一个小时后必须回家吗？

施虐者当然不会放你走！根据双方关系所处的各个阶段，在面临分手威胁时，他会：

- 悔恨地抓扯胸前的衬衫，哭出"鳄鱼的眼泪"。
- 给你大量甜头。
- 赌咒发誓，从现在起一定会改变，你们之后的相处一定会不一样。
- 恐吓你，给你下最后通牒，勒索你……

施虐者只有在"清理垃圾"阶段[①]才会"放手"，此时他会主动抛弃憔悴的、几乎没有生命力的受害者。但是这种"放手"通常不是

---

① 关于破坏性情景的各个阶段，请参阅《恐惧吧！我与你同行》一书。——作者注

第 4 部分
离开吧！不要回头

一辈子。只要你脸颊变得红润，还清了所有债务，继续好好生活，他一定会再来找你，"没有我，你过得怎么样，那种无法言说的快感还有吗？"。

让自己摆脱糟糕的关系的，只有你自己！如果无法公开离开施虐者（被囚禁），那就偷偷离开，更准确地说，是逃跑。我的一个女性读者就逃跑成功了，当施虐者意识到自己被抛弃时，女孩已经逃到了安全的地方。经典文学作品《简·爱》中就有一个逃跑成功的例子。

86.能靠自己的力量摆脱有毒的关系吗?

> "有可能靠自己的力量摆脱有毒的关系吗?还是说应该有一个人拽你一把?"

是的,只有你自己可以!这意味着没有人为你作这个决定。即使你身边的人都知情,而且很支持你,但是如果你没有作出深思熟虑的分手决定,或者作出决定后不遵循,就没有人能把你从这段关系中"拽出来"。

独自挣扎并逃离,还意味着这是有意识的行为。当你明白自己不能继续这样生活下去,并准备好迎接难以轻松度过,又不能跳过的痛苦阶段时,你就会放大愤怒、遗憾和痛苦,不允许自己流泪、回忆或者再次与施虐者联系。所有这些你都要忍受,这样你心灵的伤疤才能脱落。

独自挣扎并离开,并不意味着你是孤身一人。如果你有一群支持你的人——亲人、有同样遭遇的网友、心理医生、律师,就更好了。这样一来就有人倾听你痛苦的哭诉,帮助你照顾孩子,就离婚、财产分割、安全等问题提供建议。

如果你等着有人把你"拽出"施虐关系,我建议你再思考一下。你的这个想法本身可能说明,你想要换掉依赖的对象——施虐者。也就是说,你一直不相信自己,而是相信别人会照顾你,给你温暖,安慰你。这里有一个非常严重的潜在问题——你必须找到这个"拯救者"和"安慰者"!我在第141节"找不到能取代他的人"的回答中谈到了这一点。

如果你想在未来避免共同依赖的关系,就需要研究这个问题,如果有必要,与心理医生一起探讨,并根除自己的共同依赖倾向,也就是想通过另一个人弥补你的个人缺陷的倾向。

87.怎么才能让施虐者不再纠缠?

> "怎样才能确保在离开施虐者后他不会再来纠缠我,也不会做对我不利的事情?"

规则1 当你决定离开时,就决绝地离开

不要放分手的狠话,要在精神、物质和身体上做好分手的准备。诚实地告诉自己,你是真的要离开,而不是拿分手威胁施虐者,期望他"表现得更好"。你不会再相信他的悔意、承诺和应许的"新生活"。

你需要明白,你是彻底离开,这个人以后永远不会以任何形式出现在你的生活中(既不是朋友,也不是性伴侣),你的决定不可收回,不可改变。请拿出你的原则和坚定。

规则2 不要去解释

你已经知晓施虐者将会如何巧妙地将你拖入一场没有任何意义的"讨论",就任何话题信口开河。解释有什么意义?你已经试着"好好沟通"几十上百次了,但是对方却没有任何改变。你真的认为在第一百零一次沟通的时候他就能幡然醒悟吗?

你可以发一条短信,用温和的语调通知对方分手的事情。语气应该是克制的,不要侮辱和威胁对方,不要降低自己的人格尊严,不要给施虐者递任何"新的王牌"让他来对付你。

规则3 完全无视被你抛弃的施虐者

一旦你通知施虐者分手，就不要再回复他的信息或者接听他的电话。如果你在街上看到他，就直接绕过去，这样你就能向施虐者表明自己的坚定。如果你们已经分分合合好几次了，这一规则尤其重要，因为他已经习惯了数次分手的路数，觉得迟早能挽回你，只要稍微加把劲儿就行了。让他沉浸在这种幻觉中自己过下去吧……你坚定的态度会告诉他，这次他的这套把戏不灵了。

规则4 不要报复

不要和对方发生丑陋的、毫无意义的冲突，只把伤害和背叛你的人从你的生活中彻底剔除就行了。对施虐者最好的"报复"是你浴火重生，过上没有他的幸福生活。

这个规则简单而明显，是摆脱施虐者的最快方式，还能维护自己的尊严。但遗憾的是，很少有人这样做，大多数人都会和施虐者发生冲突。而且，如果你与施虐者有许多共同义务，冲突就不可避免，例如，你们有共同的财产或孩子。在这种情况下，施虐者有很多种方式向你施压。

作家、自恋型人格障碍者萨姆·瓦克宁建议采取以下策略：使用一些手段恐吓施虐者，通过泄露他的秘密的方式威胁他，迫使他投降，或者用大量自恋资源"贿赂"他。

但是我不会在这里给你提供任何建议，因为操控策略对我来说非常陌生，我只是告知你有这些策略存在。在我看来，最好不要与被你抛弃的施虐者"打架"，而是将复杂问题委托给一位好律师解决。让律师与施虐者或其代表进行谈判，不带感情色彩，遵循法律条文。

规则5 立即与跟踪者（偏执狂）设定其正确的行为举止

如果被抛弃的施虐者有在你家或工作单位附近徘徊的习惯，那就装作看不到他，绕过去，无视他的威胁、诅咒或礼物。不要同意他进车里进行"重要谈话"的建议。

不要捶打粘人的施虐者，不要同意他承诺的"最后一次"谈话，不要试图"动之以情，晓之以理"地恳求他放过你，也不要接受他送的花。你的每一个情绪反应都会引发施虐者新一轮的骚扰。

规则6 在情况严重的时候可以报警

如果施虐者在你回家的路上唱歌、弹吉他求你原谅，放火烧你家的门，在墙上泼油漆，试图闯入你的公寓——遇到这种违法行为，就应该报警，让警察处理。保存施虐者发给你的所有消息——这些可能会成为"呈堂证供"。给自己设定一个告发施虐者的"红线"。

当然，如果你因此受伤，也不要忘了进行适当的记录。身体上的伤害包括施虐者抓你的手腕时留下的轻微瘀伤。

规则7 冷静地评估自己面临的风险

分手时，很少有施虐者不威胁受害者，而且他的威胁往往让你心惊胆战，以至于你又被迫回到他身边。幸运的是，在大部分情况下，一些威胁只是施虐者过过嘴瘾，吓唬吓唬你，这种情况下你可以直接选择无视。

但是，有一小部分施虐者非常具有攻击性、无法无天（精神不正常或"一时冲动"），你不能低估这部分施虐者威胁的危险性。因此，如果你独居，前男友又非常具有攻击性（就像电影《与敌共眠》里演的那样），你可能就需要搬家，保持"低调"，采取其他安全措施。但这只是小概率事件。

规则8 无视敲诈

准备好为自己的错误负责。通常，你可能会因为以下原因对分手犹豫不决：施虐者威胁要把你的裸照散布出去；告诉你的朋友，你曾经如何说他的坏话；告诉你的丈夫，你都干了些什么……

大家都知道，面对敲诈，直接无视就行。它只会让你"付出"这一次代价，但是如果"靴子不落地"，"死亡之音"就会一直在你耳边回响。因此，我认为敲诈是一种"顺其自然"的情况。不过，无论施虐者曾经威胁你，说将要采取哪些敲诈行为，你都要选择无视。

顺便说一下，施虐者的威胁往往不会奏效。他透露了一些关于你的"可怕的秘密"——人们以不理解甚至厌恶的眼神看着他，而你恰恰获得了同情。

也许经受施虐者的敲诈，是你承认自己的错误，或者无意识地做错了事后为自己的错误言行悔过的机会。你要么立即获得原谅，要么没有获得原谅，但是以后很可能被原谅。

88.如何向施虐者提出分手?

> "怎样才能正确地向施虐者提出分手呢?我要向他解释分手的原因吗?还是说我直接通知他分手就行了?"

除非你和施虐者生活在一起,否则不需要面对面进行令你心碎的告别。如果施虐者采用各种手段抵制你,而你又决定分手,就没必要通知他,单方面离开即可。

当施虐者对你的沉默感到不安,过一段时间后又来联系你时,你可以简单地告诉他你的决定,不要跟他争论。无论他给你发了什么侮辱、威胁、恳求的信息,请保持沉默。

是的,我完全支持用文字进行交流。通过打电话交谈很容易出问题,特别是你被施虐者拖入漫长的摊牌过程时——施虐者特别擅长这样的操控手段!如果你觉得自己可以用三五句话坚定地说出自己的决定并挂断电话,就可以通过打电话分手。但是我仍然不建议你在不确定自己坚定程度的情况下采用打电话的方式谈分手。

如果你没有与施虐者住在一起,但是想当面宣布分手,就要遵循三个原则:简洁、坚定、适当。约在公共场合见面。谈分手时不要情绪化,拒绝"讨论这段关系"——因为讨论毫无意义。不要哭,不要抱怨,不要指责——所有这些都会给施虐者提供继续向你施虐的

"素材"。

不要拉长谈话时间。说清楚，然后离开，不要等到对方转而操控你或者试图以男人的力量拖住你。不要在公园里转来转去，也不要在咖啡馆里倾诉衷肠，听他虚伪的解释和"痛苦"的忏悔。如果你这样做了，这次就不太可能成功分手。

如果你和施虐者生活在一起，最好不要当面提分手，毕竟施虐者不会说："我理解，我很抱歉我们没能修成正果。去睡个好觉吧，明天你就可以安心地收拾行李了。"通常情况下，在你提出分手之后，电闪雷鸣就开始了：歇斯底里，摔门离开，准备轻生，向你的亲人哭诉，拿猫威胁你，崩溃，或者其他精神不正常的表现。

我的许多女性读者说，她们会通过发短信或者在离开前留下一张纸条的方式与施虐者分手。有些人为了找到一个合适的分手场合需要苦等几个星期或几个月，等施虐者去度假、出差、钓鱼……但是也有很多人会在一个小时或一个半小时内利用对方短暂出门的机会"跑路"。

重要的原则：不要讽刺、挖苦，更不要侮辱施虐者——尤其是在私下而不是公共场合谈分手时。被激怒的施虐者可能会对你使用暴力。

还要补充一点，偶尔也会出现施虐者不阻止你离开的情况。如果你和施虐者在分手的那一刻"步调一致"，他大概率会对你的离开乐见其成。例如，他已经找到了新的受害者，正打算离开你，恰好你文明地通知他分手。

我这样说纯粹是为了告诉大家还有这种情况。不要指望这种"不流血"的分手方式一定能起作用。多准备几套方案总比准备不足好。

89.等一个分手理由,还是直接离开?

> "如果我没有找到一个合理的分手理由就离开,会不会很不人道?等到他出现一些反常行为,再问心无愧地离开,是不是更好?"

根据你的这个想法,我认为你不必与那些以非常不人道的方式对待你的人"人道"地分手。事实上,不论是在冷淡还是热络期,你都可能会对离开似乎已经开始"改好"的施虐者感到内疚。而那些感觉对方还有药可救的人会萌生希望:逆境已经过去,美好的未来在等待着你们。

大多数受害者在人生跌入谷底后,迟早会离开施虐者。每个人跌入谷底的情况都不同,而且并不总是在"触底"后立即分手。这个时候,你灵魂深处的某些东西通常会不可抑制地燃烧起来,直到你对这段关系彻底绝望。例如,一位读者在她的丈夫将盛满菜的锅打翻到他们一岁孩子的头上时,她的精神彻底崩溃,感觉几乎跌到了谷底。

许多人需要时间才能意识到这就是"底"。这个时候,你会清醒地意识到一种从未有过的冷漠麻木的感觉从自己心中升起,一种"清醒"的感觉笼罩着你,你感觉自己不会再对这个人做的任何事情感到惊讶……但是你身体的离开会有滞后性,好像你正在习惯这种感觉,看着自己的爱死去,依赖的感觉减弱。

第 4 部分
离开吧！不要回头

另外，许多人在心理上破釜沉舟后，正式决定与施虐者在一起——只是为了考虑分手计划和积攒资源。就像你的心被"冰封"，只想着不再维持和改善彼此的关系，而是从这层关系中撤出。

因此，你的离开对施虐者来说犹如晴天霹雳——仿佛毫无理由地突然发生。而且很少有人想到，这个句号是你在半年或一年前跌到谷底时画下的。

利卡·谢尔吉洛娃的小说《遇见》以高度的心理确定性展示了这种情况。四十年后，两个人相遇，男人问女人："当时发生了什么？你为什么突然离开？"女人回答："因为……香肠！"

我们这才发现，几年来这个女人一直在遭受男友的虐待：不断贬低、不合时宜地开玩笑、莫名其妙地吃醋……一起过夜后，她心情大好地起床准备早餐。她煎完带皮的香肠后，又挨了一顿骂。男友高声辱骂她："正常人煎香肠都会去掉肠衣！"就在这一刻，她灵魂深处的那根弦断了……

在外人看来，这真是无稽之谈，恋人不会因为没有把香肠的肠衣去掉而提出分手！谁说他们因为没有把香肠的肠衣去掉这件事而分手了？女人明明是因为长期受辱才离开的。当受害者承受虐待达到临界点时，香肠成为压倒她的"最后一根稻草"——她冷暖自知罢了，别人是不清楚的。而她在安静地吃完早餐后，抱着再也不与男友见面的想法，像往常一样与他告别……

90.分手时需要告诉对方他是施虐者吗？

> "我想在最后一刻告诉他，我知道他的所有情况。也许那时他就会意识到，我已经看透了他，我并不像他想象的那样愚蠢。"

许多人想在最后分手的那一刻让施虐者"睁开眼睛"看看他自己是什么货色。这个想法诱人吗？是的，很诱人。但是，值得把他的真面目暴露在他面前吗？

美国心理治疗师阿伦·贝克和阿瑟·弗里曼警告说："有自恋人格的人会对那些试图揭露他们的剥削性、自私行为的人产生极端的怨恨。"

很少有受害者——特别是在意识到自己一直被洗脑和故意嘲笑之后——会克制自己不告诉施虐者他的本性。但是告诉对方之后又怎样呢？施虐者通常会愤怒地否认，把责任推给你，让你进行完全不必要的"反省"，使你灰心丧气、感到内疚，对自己的"愚蠢"感到羞耻，最终让自己濒临崩溃。

没有哪个施虐者会说："是的，你说得对，我确实嘲笑你了，为此我感到非常羞愧。"施虐者会疯狂地为自己辩护，而你只会被他的煤气灯效应操控。"这都是胡说八道！你一直读那些'心理医生'写的狗屁文章，听那些怨妇的牢骚和发泄，他们只是嫉妒别人获得了幸

第4部分
离开吧！不要回头

福！看看你这个自恋狂——你就是这样的人！你把一切都毁了，我是真心爱你的！"

许多受害者就这样被带偏，面对施虐者坚定的态度不知不觉"泄气"。她们给我寄来施虐者写的信，说："他给我写信，说我才是有破坏性人格的人。也许真是我的错？我才是有问题的人，他没有问题？"

也许吧。但这并不是留在破坏性关系和危险关系中的理由。如果你愿意，等你差不多恢复后，再去处理你们之间的问题。目前，最好的解决办法是站在自己的立场上，不进行任何讨论和反思，无视施虐者的任何指责和操控，先坚定地摆脱这段关系。坚持自己的立场并不意味着要大张旗鼓地谴责施虐者，而是不听他的指责，也不回应他的指责。你有自己的看法。就这样。

如果你试图弄清楚谁才是施虐者，交往中所有的问题都是谁造成的，就会真的被他拽进圈套。不要摆出证据为自己辩护，更不要反驳他，要用心理合气道①取胜。也就是说，要承认施虐者"强加"给你的一切罪名：是的，你是对的，我是操控者，是我不要脸，我是歇斯底里的疯女人②。

曾经我也想迫不及待地告诉施虐者，我已经识破了他的把戏。很多新受害者都很期待揭开施虐者真面目的"爆爽"时刻。你松了一口气，终于"把拼图拼好"，把眼前的浓雾驱散，真相大白。你认知世界的层次提高，情绪高涨，当然想把这些与"被你破解"的

---

① 日本的一种自卫拳术，借对方的力反击对方以取胜。——译者注
② 更多关于心理合气道的信息，请参阅心理治疗师米哈伊尔·利特瓦克的书。——作者注

施虐者"分享"。

  所以，当施虐者再耍藕断丝连的把戏时，我会尽可能简短地告诉他事实，让他知道他是什么样的人（例如，说"去治治你的自恋型人格障碍吧"）。幸运的是，我还没有机会做这件事——主要是因为我已经决定永远不再与他接触。但是，现在我也意识到另一层含义：揭穿他基本上没有任何意义——对你来说没有，对他来说也没有。你了解他的一切，他对自己的情况也了如指掌。或者他大致也能感觉到自己是个"另类"。

91.要拉黑他吗?

> "为什么很多博主建议分手后拉黑施虐者,但是您却说没有必要?"

因为不拉黑施虐者是战略上非常有效的手段。确实,我从你们的许多例子中看到,在现实生活中,很难做到不拉黑施虐者。

把对方从你的所有社交软件中拉黑,只能暴露你的脆弱。毕竟,你在防着谁、憎恨谁,往往就会害怕谁。而你的仇恨和恐惧给了施虐者丰富的素材。"她在逃避我,我抓到她了!我伟大、可怕、无处不在,没有人可以躲开我,所有人在我面前都无处遁形!"——自我满足的施虐者肯定这样认为。

是不是只有拉黑施虐者才能保证他不再来骚扰你呢?要知道"门走不通,就爬窗户"。你把他从你的所有社交软件中拉黑,只会助长他作为跟踪者的兴奋感,他会换新的账号来纠缠你,在每个账号中充10块钱,给你发各种骚扰信息。他可以采用其他很多方法把消息传给你,即使被你拉进黑名单。

肯定会有人反驳说:"他怎么想关我什么事,我会怕他吗?"但是,你用这种手段不正是想向施虐者证明你正默默地积攒力量与他对峙吗?凡是读过我的书《恐惧吧!我与你同行》的人都知道,施虐者会因此觉得他对你来说特别重要。

不拉黑施虐者,给他还可以联系到你的机会,就是向他表明:

⊙你不会跑。

⊙你不怕他，也不怕面对自己"软弱的时刻"。

⊙他甚至可能会骑到你头上，但是你不会给他任何反应。

让他想怎么写就怎么写。让他把电波当信使。只要你不看这些信息，他迟早就会厌烦。更进一步的举动是打开信息，让他知道你已读，但是你不要回应他，也不要回复半个字。你不必读消息——只要点开即可。

有陌生的电话打进来怎么办？当你听到是他的声音时，立即挂断电话，千万不能说："不要再给我打电话了！""如果你再纠缠我，我就去报警！"

不回应他还包括防止他跟踪（尾随）。大多数跟踪者并不会攻击你的身体。他的目的是通过反复触发你的情绪反应，满足自己的变态心理需求，"毁掉你的生活"。他能从中获得很多"乐趣"！

不要满足跟踪者的期望。他所有的举动都像是在请求你："给我来一场狂风暴雨吧！"不要给他任何反应。

不拉黑施虐者的意义在于：如果你不"逃跑"，你就不会被"追杀"。通过逃亡（17世纪的拉黑方式）这种方式，图尔维尔夫人让瓦尔蒙知道她已经没有力量抵抗了。最终结果是什么呢？他冲向她，"围捕"她，并"干掉她"。

重要提示： 如果施虐者有下面这些情况，断绝联系特别重要，最好躲起来，低调行事，包括远离社交媒体。《与敌共眠》中的女主人公甚至伪造了自己的死亡。

⊙他有犯罪前科（现在也在犯罪），有纵火、袭击、入室抢劫的案底，或者更可怕的是，曾经强奸和谋杀过女性。

⊙他有肢体暴力倾向。

⊙你知道他曾经暴力跟踪、骚扰过他人。

⊙他被诊断为精神病患者，或者你怀疑他患有精神病……

还有一点很重要：最好的策略是不阻拦、不理会他，但是……只有当你在心理上做好准备，心性坚定、原则性强的时候才行得通。

92.他说他要报复我

> "我打算离开他,但是他完全像换了一个人,变得很殷勤,寸步不离地跟着我,甚至看着我的眼睛,给我吹掉眼睛里的灰尘……我几乎无法抗拒!但是,当我终于租到一套公寓并计划搬走时,他突然变得凶神恶煞起来!他给我发信息和分尸图片威胁我,说如果我背叛了他,就不会放过我,他要报复,要让我生活在地狱中。我的脸上没有了笑容……我非常害怕。我已经决定回到他身边,只是为了能让他冷静下来……"

这是失去对受害者控制后的典型施虐行为——如果糖衣炮弹不起作用,他就会威胁、敲诈受害者。有些施虐者不使用糖衣炮弹,而是直接恐吓受害者——特别是在破坏性关系的后期,施虐者觉得通过恐吓能使受害者更快服从。

幸运的是,在绝大多数情况下,威胁、恐吓都只限于道德层面,尽管这会令人非常不愉快,有时还令人毛骨悚然。因此,你在准备离开前,需要做好心理准备,而且你要明白,施虐者恐吓的程度可能没有他说的那么严重。

当然,给你发送分尸图片,威胁要雇杀手杀你或者诅咒你去死,会让你非常害怕。例如,我17岁时,被我拒绝的粉丝威胁说要从屋顶爬到我住的七楼,并说"无所谓,即便摔死我也不怕",这让我非常害怕。事实上,很少有施虐者真的觉得"无所谓"——许多施虐者,无论在

第 4 部分
离开吧！不要回头

我们看来表现得多么不怕死，都不希望自己真的被警察带走。

一个施虐者将一只死鸽子放在女孩的家门口。当然，这是让人很不愉快的事情，但是……你必须明白，这种"象征性的行为"未必会出现，施虐者希望你想象这样的场景，并乞求他的怜悯。

如果施虐者成功地吓唬住了你，他会持续加压，使你恐慌、失眠，甚至尝试轻生。施虐者威胁你的目的是保持对你的控制。当你在他面前颤抖，不安地来回踱步，东张西望时，说明他还能控制你。他知道他能控制你的情绪，认为还有能力毁掉你的生活。

所以，避免被施虐者的威胁吓到，必须记住几条非常简单的规则。

规则一：明白自己肯定会遭到施虐者的恐吓，从一开始就不要害怕。在大多数情况下，即使是具有肢体攻击性的施虐者，也会先评估你的力量和你可能会采取的行动。

⊙你必须坚强！
⊙你必须勇敢地说："把手拿开，离我远点！①"

维克多·佐伊的这首歌曾经让我从跌入谷底的状态中振作起来。在某个时刻，我冰冷的恨意和结束一切的决心战胜了我的恐惧。我告诉施虐者："滚一边去！"是的，他打了我，但是不像以前那样严重，我也不再害怕。那是他最后一次打我，实际上也不比老太太的劲儿大多少。

规则二：无视施虐者。无视可以使施虐者的威胁得不到回应。一旦他向你发出第一条攻击性信息，你就应该立刻把信息转发给朋友、

---

① 歌曲《妈呀，我们都疯了》节选，词作者是维克多·佐伊。——作者注

记者、警察……接下来收到的信息,你也这样处理。

规则三:通过社交媒体将施虐者的施虐行为公之于众。这是一些受害者现在常遵循的规则。把具有威胁性的信息的截图、报警记录、殴打致伤的照片和医院的诊断报告都贴出来……大多数施虐者都害怕被曝光,因为在锁着的屋子里殴打伴侣是一回事,在公众面前被证明有罪又是另一回事。对施虐者来说,被曝光的损失可能非常大。例如,一位著名演员的妻子将自己被殴打的事公之于众,丈夫的名声一落千丈,在圈子里不被尊重,社交账号的留言里也是骂声一片。

总之,你没有其他办法摆脱施虐关系,除非有一天你下定决心克服对施虐者的恐惧。但是请你告诉我,这比留在发来分尸图片并威胁要雇杀手杀死你的人身边更可怕吗?

我上面说的建议并不意味着你要不顾一切铤而走险。"站起来,克服恐惧"——这意味着要坚定、谨慎和做好心理准备。需要记住的是,有一小部分乖张的施虐者会冲动行事或者将威胁付诸行动。这些人通常有以下特征:

⊙ 有犯罪前科和(或)现在有犯罪行为。
⊙ 被诊断为精神病患者或疑似患有精神病。
⊙ 有肢体攻击性(严重的家暴,但不一定是打你)。
⊙ 已经将威胁付诸行动,咄咄逼人地骚扰你,而你明确地知道他会这样做。

如果你的伴侣有这样的特征,请采取一些安全措施:搬家、换工作(或者去休假)。我有一些女性读者雇佣保镖已经有一段时间了。

93.他威胁说如果我离开他,他就轻生

> "我早就想与他分手,但是,当他威胁我说他要轻生时,我就慌了。他不只是说说,还跑到阳台那里,放上凳子,打开窗户……有一次,他在五楼的窗台上双腿下垂坐了一个小时。我很害怕,只能同意留下来,因为如果他真的轻生——背负这么深重的罪孽,后半辈子我怎么活?我会活不下去……"

以轻生相威胁是一种非常有效的操控手段。如果第一次对你有效,施虐者会在每一次遇到困难的时候都采用这种方法,而且交往越深入,次数越多。

即便这样的人仅仅粗暴地勒索过你一次,你也必须立刻与他断绝关系。这是对你的同情心与内疚感公然和无情的玩弄。而且"背负这么深重的罪孽,后半辈子我怎么活"是需要与心理学家或心理医生认真探讨的话题。你现在正在背负根本不应该由你背负的责任,并试图控制不在你控制范围的东西——别人的行为和生活。不要这样想!他已经是成年人了。你不是他的看护人,也不是他的保姆,更不是万物的创造者。

施虐者常常会将威胁付诸行动吗?几乎不会。或者他会用刀片轻轻地划破自己的手腕,或者拿出空药瓶假装服药轻生,或者告诉你要

喝掉洁厕灵。有些人会假装轻生，例如假装上吊。

对此你要如何回应？在你要离开这个人时，如果他坐在敞开的窗户边威胁说要跳楼，就把他交给其他人——他的父母、兄弟、朋友。比如，你可以打电话说："萨沙，我想让你来和奥列格待一会儿。我要跟他分手，他需要你的支持。他说了一些胡话，说他不想活了。我很担心他。"等到萨沙来后，你就离开。通常情况下，萨沙来了后，故事就会从高潮走向结束。

不过，也有施虐者真正轻生的情况，不过这种情况很少见。我只知道这样一个案例：一个有肢体攻击行为的精神病患者手持斧头追砍自己的妻子，她逃跑了，他通过他们两个人的亲戚给她下达最后通牒：要么她回来，要么他两天后上吊轻生。

女人承受着巨大的压力：亲戚劝她理解和原谅，他们似乎忘记了这个男人几乎危及妻子的生命。她顶住了压力，但是被抛弃的丈夫却一反常态地将威胁付诸行动，真的上吊轻生了。

这确实是少见又非常具有戏剧性的案例，给受害者的心理造成了严重的创伤，使她背上了几乎要压倒自己的负罪感。如果你遇到的正是这种"言出必行"的人，仍然要记住：某人决定轻生——这既不是你的错，也不是你的责任。

94.帮他贷款,但害怕分手后需要自己还

"我们在我的房子里同居了七年,没有登记结婚,有个六岁的女儿。在过去的两个月里,我没有上班,而是在上学。他有一份断断续续的工作,收入不稳定。

"我还在工作时,帮他办理了贷款。他自己不能办,因为他需要支付赡养费和偿还企业债务,共计150万卢布。现在我有三笔贷款,共计60万卢布。

"我很后悔把自己牵扯进来,昨天我们又吵了一架,他嚷嚷着侮辱我是妓女,说他一旦有钱就会离开我。他经常这么说,而我竟傻傻地原谅了他。

"我不知道现在该怎么做。距离我完成学业还有两年时间。我应该等到我们还完贷款再分手吗?还是说现在就把他赶出去,让他自己偿还贷款?我觉得他不会还。他已经被强制戒酒两次,压力大了还会再次酗酒。另外,有一笔贷款他已经偿还了一半……"

这不是一个简单的情况,我没法给你提供建议,但是我要告诉你我的想法。

是的,经常有女性读者告诉我,她们应施虐者的要求为其贷款。施虐者可能需要支付赡养费或偿还债务,或者没有长期、稳定的收入,或者有不良的信用记录,或者正在逃避债主的追债。

很少有女人会在一开始偿还给男人办理的贷款。而当他说服她为其贷款时，他通常会发誓说自己会努力偿还，并以看起来相当合理的计算结果证实自己的誓言。

当然，施虐者为了得到自己想要的东西，会尽全力施展魅力，用饱含爱意的眼神看着你，热情地低语："我的命运掌握在你手中……"请记住，有个笑话讲道：勒热夫斯基中尉教导他的指挥官："你不会和女人打交道。走到她面前，亲吻她的脖子，揽着她的肩膀，她就会把钱给你。"

现在贷款在你名下，接下来会发生什么？施虐者要么不还一分钱，且给你越来越多的"正当理由"，发誓要节约，要还贷款，并承诺给你买首饰；要么表现得更隐蔽：还了几笔贷款——正如这位读者写的那样。女人感叹道："感谢上天，他是正派的人……给了这个骗子巨大的信任。"同时，骗子还会耍一种众所周知的伎俩：借一小笔钱，按时还款……然后就提高借款金额，但是只借不还。如果你突然坚决地拒绝借钱，骗子可能会还一小部分，让你放松警惕，然后……再借。这个操作模式在《我的未婚夫如何骗了我500万》的故事中有很好的说明。

通过将受害者牵扯在债务中，施虐者可以确保将彼此深度捆绑。摆脱一段有毒的关系很难。那么，如果你债台高筑，施虐者却仍然拒绝还款，该怎么办？当然，不到最后一刻你不会放弃对方会还款的希望，但是你通常到最后才会明白，没有人为你还债。

因此，你认为不属于自己的贷款，实际上就是你的。99%的概率是由你为他还债。不如清醒地接受当前的状况，不要以对施虐者的幻想，掩盖自己内心理性的声音。你还打算为一个酗酒、羞辱和摧毁你

第 4 部分
离开吧！不要回头

的男人"奉献"多少年？

你的情况并不简单，最好去咨询财务顾问，他可以帮你谋划一个对你来说损失最小的债务清算策略。

另外，你在上学读书，并不代表你没有生活能力。在这两年里，你可以挣钱。即便是在全日制学校上学也可以兼职，更何况你已经是一个成年女性，是一位妈妈……

总结：在你借钱或贷款给别人之前，千万要深思熟虑。你不能寄希望于向债主解释你被骗了。

如果你发现自己确实陷入这种境地，要尽快清醒，像金融家所说的那样"锁定损失"，并"退出这个项目"。你要估算自己的损失有多大，每天会产生多少利息，并计算一下他能还多少。然后你要计算一下自己的存款，现在只能把存款当作不是你的钱看待。经常发生的情况是，我们由于害怕每个月失去两万块钱而留在一段糟糕的关系中，但是为维持这段关系投入了十万块钱。

顺便说一下，我的一位读者算了算自己"给"了自恋者多少东西——虽然一分钱现金也没有给他，但是其他东西给得很多。她是大学老师，照顾着一个年轻的自恋者，帮助他学习（免费辅导），帮他写毕业论文……我都被她算哭了：折合成钱有整整26万卢布！她在估算时还加了自己看心理医生的费用，如果不是和自恋者交往，这笔钱根本就不用花……

不要灰心！这种情况当然对你很不利，但是请相信我，它是可以解决的。我的数百名读者已经还清债务，实现财务独立了！

95.有没有不藕断丝连的情况？

> "您说过，自恋者肯定会跟我们藕断丝连。我和他在六个月前就分手了，从来没有藕断丝连过。这是不是说明有些自恋者在分手后不会纠缠？还是说他根本不是自恋者？"

有些自恋者不会和伴侣藕断丝连？或者如果一个人跟他的伴侣分手后不藕断丝连，就说明这个人就不是自恋者？我已经在《恐惧吧！我与你同行》一书的"安可"一章中详细谈到了自恋者跟其伴侣分手后藕断丝连的目的和方式。但是我常常发现，并不是每个人都能正确理解什么是藕断丝连。也就是说，本来是板上钉钉的藕断丝连，却被迷惑人的手段掩盖了真相，受害者还因此得出结论，自恋者在与自己的亲密关系中没有采用藕断丝连这种手段。

另外，有些人误解了藕断丝连的含义，因此还不切实际地期望着对方："什么时候才来求我重新开始，给我来一波糖衣炮弹？"

重要的是你要明白，自恋者与你藕断丝连的目的并不是让你回来！虽然他常常表现出想让你回来的样子，但是"挂羊头卖狗肉"是他拿手的把戏。自恋者能通过藕断丝连的手段强化对你的控制，从而让自己捞到好处。一些自恋者会"拽着控制你的线"，但是也有些自恋者会给自己的行为设置控制机制，评估控制效果，形成自己的藕断

第 4 部分
离开吧！不要回头

丝连风格，不按套路出牌！

这就是自恋者说想要一个新的开始，但是从你这里得到"好……我会考虑"的答复后，他……又突然消失，而你却非常吃惊的原因所在。你希望"主动权掌握在自己手中"，让他"为了得到你的答复，耐心等待一个月"——但是他没有这样做！你感到莫名其妙："为什么他要这么做？他想得到自己想要的，让我回到他身边，然后再狠狠地甩了我。这有什么意义？"

意义非常明确：在收到你的反应后，自恋者会思考一下，评估这种手段效果如何，然后消失一段时间，把这种手段调整一番再来继续纠缠你。此外，擅长采用藕断丝连手段的大师都知道，这一招对还没有反应过来的受害者最有效，这样的受害者在自恋者发出"重新开始"的信号后一直幻想着他会提出什么要求……但是，对方不出现，受害者只能自己凑上去。

自恋者中难道就没有"不吃回头草"的吗？能肯定奥斯塔普·本德尔[①]永远不会打扰格里莎耶娃夫人吗？如果真的走投无路，他为什么想不起来被他抛弃的妻子？例如，在陀思妥耶夫斯基的《卡拉马佐夫兄弟》中，穆西阿洛维奇先生从勾引他的格鲁申卡那里逃了出来，五年来都没有给她任何消息。但是，在听说格鲁申卡得到了一大笔钱之后，他再次以爱之名出现在她的生活中……

所以，我的观点是，要让自恋者"不吃回头草"。例如：一个反社会型人格障碍者与我的一个女性朋友有一段动荡不安的短暂恋情，然后两个人"像朋友一样分开"，此后的25年里他没有打扰过她！

[①] 苏联时期的小说《十二把椅子》中的人物。——译者注

而最近他又找到她的联系方式,开始发消息。她差点儿从椅子上摔下来:"啊啊啊,这是什么人啊!?"

他为什么要给她发消息?如果了解这个人,就知道他的行为逻辑非常简单。

⊙她只是他人生中的过客,流程他早就编排好了:搞到手——约会一两次——换下一个。同时,他还热衷于"组建家庭",但婚姻只能维持半年到一年。

⊙"传送带从未停止过",所以没有必要拉上她——女人足够多。也许他以一种把她当成"灰色背景板"的方式记住了她。

⊙也许他现在处于"空窗期",正在社交媒体上寻找灵感——通过熟人、熟人的熟人寻找……这就是他又来联系她的原因。而且已经把鱼饵准备好了。

96.为什么他戴着我送给他的吊坠，用我的杯子喝水？

"恋爱三年来，他对我说话永远都轻声细语，从来没有提高过嗓门，然而他却用刻薄的笑话和贬低的态度折磨我。那是一种自然的欺凌。三个月前，他离开了我，到目前为止，没有再和我说过话。我们的一个共同的熟人告诉我，他没有扔掉我的牙刷，戴着我送给他的吊坠，用我的杯子喝水。可是这能说明什么？是他自己说不需要我，甩了我，他还能回到我的身边吗？

"他在我之前有一个女朋友，后来他甩了她，但是他把她的照片挂在床头。她知道这件事后给他打了电话……他们重归于好，但是他很快又甩了她……"

我几乎能肯定他会再次出现，因为他已经在采用藕断丝连的手段！明白他为什么投放钓饵了吧？就像他对前女友所做的那样！

想想看：为什么他没有扔掉你的牙刷，戴着你送的吊坠，用你的杯子喝水。问题的关键不在于他做了什么，而在于……他让你知道了这件事！就像他让他的前女友知道他把她的照片挂在床头一样。

在你发现他是施虐者之前，你会如何看待这种现象？可能是这样的：忘不了、怀念、遗憾，但是无法回头。

但是，假面具下的实际情况是什么呢？施虐者以迂回的方式让你上钩——通过共同的熟人告诉你，他在等着你与他联系，构建这样一个逻辑链：他戴着你送给他的吊坠——他没有扔掉你的牙刷——所以他真的还想着你，你们之间的心灵联系没有断……

你说到他的前女友知道他在床头挂照片的事后，主动给他打了电话。接下来发生了什么？在几次浮夸的浪漫邂逅之后（"就像他们第一次谈恋爱时一样"），他可预见地消失了。他通过前女友对他的崇拜充分提升了他的自我，然后"让她摆正自己的位置"。

他期望你也能给他打电话。在他的设计下，共同的熟人告诉你有关吊坠、杯子和牙刷的事，就是在鼓励你打电话。如果你不回应，在过一段时间后（不同的施虐者情况不同）他就会联系你。他没有其他选择。

我知道，持怀疑态度的读者会认为，这根本不属于藕断丝连的情况。这位老兄可能只是习惯性地用她的杯子喝水，戴着她送的吊坠……不要生搬硬套！

不，朋友们，这里有根本性的区别："没有特别想法"的人不会拿吊坠和杯子四处招摇过市，引起周围人的注意——他是要保证通过合适的人把这件事告诉你。我同意，可能喝水不是装样子，衬衫的扣子也没有被解开到肚脐，只是"不小心"露出了吊坠或吊坠上你的肖像……但是在这个故事中，施虐者是在有计划地行动——因为他知道这一招很有效。

你很可能会有疑问：共同的熟人是否在故意为他传话？应该不是故意的。施虐者知道可以通过谁做"中间工作"——例如，那些爱管闲事的人，他们喜欢窥探别人的生活，传播各种新鲜的小道消息。共同的熟人是最理想的对象。不需要任何技巧，不需要写信……反正信息肯定会传到你那里。

97. 我没有等到糖衣炮弹

> "看了您的书,我觉得自己遇到的很多问题都与您说的情况一致,但是分手后我并没有等到糖衣炮弹。所以,他不是施虐者,对吗?"

你必须明白,抛出糖衣炮弹并不是施虐者的目的,而是他试图通过这种手段操控你。这些表演并不是出于施虐者对艺术的热爱,而是出于发动更猛烈攻势的需要。

那么,他会在什么时候抛出糖衣炮弹呢?当你不主动联系他(比如说,以前吵架后你会联系他),你不接他抛出的重新联系的借口,以及他"懒人鱼饵式"的攻势不奏效时。

⊙在不愉快地分手两个月后给你发"可爱的动物"图片(比如"海狗"的图片)。

⊙给你在社交账号上发布的照片点赞。

⊙把对你有"特殊意义"的歌曲和其他意味深长的暗示性内容发布在你能看到的网络空间和朋友圈。

⊙制造并不偶然的"偶然"相遇,等等。

如果这些都不起作用——在你这里"碰了软钉子",施虐者就会采取更夸张的行动:在加强攻势的同时,祭出自己的拿手戏——

抛出带有个人特色的糖衣炮弹。也就是说，只有在之前的招数不起作用时，他才会抛出糖衣炮弹。

抛出糖衣炮弹的表现形式多种多样。不是每个施虐者都会跪地求你，或者在你家门口大哭，抑或把卡地亚首饰盒塞到你手里。对一些施虐者来说，抛出糖衣炮弹的最高表现形式也只不过是："嗯……这个……对不起，真的对不起。"

还有一部分人常常期待着糖衣炮弹的到来。他们在想象中给自己描绘了一幅战胜施虐者的甜美场景。实际上他们得到了什么？那些等着糖衣炮弹的人，没有获得预期的"深深的满足感"……有的仅仅是苦闷、焦虑、"羊入虎口"的感觉和各种让人不愉快的情绪。

98.需要回复他的祝福吗?

> "我们在两个月前很不愉快地分手了,目前没有任何藕断丝连的迹象。但是我现在在想,如果他给我发来新年祝福,我要不要回复?不回复,好像有点不礼貌……"

节日前后的日子,是喜欢玩弄藕断丝连把戏的施虐者最喜欢进行"师出无名"表演的时间。对方说一句"新年快乐"或者发一张你与圣诞树的合影,就会让你自言自语:"怎么能不回复他的祝福呢?毕竟我是有教养的人。如果什么都不回复,我不就成了记仇又小心眼的人。"

这是个陷阱!施虐者又一次成功地让你产生了更深的内疚感,你也会再次质疑自己的反应是否合适。

停!断交就是断交,无视就是无视,这适用于处理与施虐者的任何联系!回复了他的祝福,你就被"按住了爪子",联系又重新开始,而且这次很难再断绝关系。

藕断丝连——主要是施虐者使用的操控手段,目的是确保你仍然在他的控制之下,始终与他保持联系,根本不是一个有教养的人祝福你、让你有好心情的友好互动方式。

顺便说一句,许多施虐者会借着给你发祝福信息的机会羞辱你。例如,可能只是把祝福的话简写:"新快("新年快乐"的简写)!"或者你只是他群发消息的一个对象。抑或在发送祝福信息五分钟后,又发信息说:"哦,发错了。"

还有一个值得注意的现象:有经验的施虐者不会急于发送祝福信息,他会等到自己的"囊中之物"先发信息的那一刻。"等到最后一刻"——说明这个人有足够的耐心。看谁能撑到俄历新年,或者撑到下一个节日到来。

需要提前想好应对藕断丝连手段的办法。如果你重读《恐惧吧!我与你同行》一书中的"安可"一章,就能找到与自己和解的方法:我根本不会回应前男友的任何藕断丝连的行为,无论他看起来多么友好。我更不会主动联系前男友,不管我要喝多少酒才能压住意难平的情绪,也不管我的情绪如何波动。

99.他重新加我为好友，但是不说话

> "在俄历新年假期到来的前夜，他突然重新加我为好友，但是不说话。这是什么意思？他是在等我的反应吗？"

他正是在等你的反应。重新加你为好友，却什么话都不说——这是典型的"懒人鱼饵式"藕断丝连行为的信号，许多受害者甚至没有发现这是藕断丝连行为。重新添加你为好友释放的信号非常明确："就这样吧，我给你提供给我发信息的机会。"

然而，不要以为你接受了对方"好心"提供的机会，对方就会对你的举动感到高兴和激动。在大多数情况下，他会忽略你的这个举动或者再次拉黑你，因为他已经达到了目的：他已经知道你仍然在他的控制之下，并且咬了他抛出的诱饵。

这种"懒人鱼饵式"藕断丝连对施虐者来说是一个很好的机会，把你变成了根本不需要你的人的追随者（甚至你会主动成为追随者）。重新加回好友又怎样？他对你无所求，而你却抓着重新联系的机会不放。更令人难以接受的是，你会认为自己被对方的举动愚弄了。

这就是为什么你对重新加回好友的反应，不应该与你对其他所有藕断丝连行为的反应一样。而且在你徒劳地等待几天后，如果施虐者

再次拉黑你，然后重新加你为好友，你也不应该感到惊讶。

你要明白：如果对方真的不想与你交往，他就不会在拉黑你后跟你玩"拉黑你—重新加你为好友"的猫捉老鼠游戏。你会永远留在他的黑名单中。

如果他重新添加你为好友，说明他对你有所期待。

100. "我再也不会回头找你了"

> "我们分手已经一年了。然而在国际妇女节那天,他发来一条信息:'曾经的你性感又美丽,现在除了孩子和增加的体重,什么都没有。我再也不会回头找你了!'这是什么意思?我根本不会接受他!而且我没有求他回来!"

从逻辑上讲,这样的信息会让你感到惊讶和愤慨:"哦,你再也不会回头了?有人要求你回头吗?我已经无视你在我的生活中反复横跳一年,这看起来像是我想让你回头的样子吗?!除了增加的体重,我的美貌已经所剩无几了?你看到我最近的照片了吗?而且你的意见对我来说重要吗?"

自恋者发这种荒谬、不妥当的信息,正是为了让你的情绪爆发。进行任何"懒人鱼饵式"、甜腻或咄咄逼人的藕断丝连行为,其目的都是引起你的反应,也就是获得自恋资源。

所以,要尽力克制自己,不要冲动地回应自恋者,也不要与他发生可预见的争执。记住,他从责骂和冲突中获得的自恋资源,并不比从赞赏和奉承中获得的更少。你的反应会带给他极大的满足感,毕竟他"拿捏了你",已经收到你的反应了,万岁!

因此,无论他给你发了什么让你讨厌的荒谬的信息,你都不要回应他。过几个小时或几天之后,你被他激起的情绪就会消退,你会庆幸自己躲过了自恋者设的陷阱。

面对自恋者这种藕断丝连的行为,你还可能会给自恋者另一个"甜美"的反应,就是急于证明自己的身体根本没有超重——把你近期的照片发给他看。还用我告诉你,这样的反应会导致你和自恋者继续进行不必要的、有潜在危险的交流吗?

因此,普适的原则是:不回应任何藕断丝连的行为。

101. 他完全变了一个人

> "我们分手已经有一段时间，施虐者并没有藕断丝连的行为，我可以平静地生活了。这是不是意味着施虐者已经放过我了呢？"

并不是你以为的这样。更准确地说，你克服了对施虐者的施虐行为习以为常的坏习惯，身心已经恢复和放松，也不再对他藕断丝连的行为抱有期待，但是这并不意味着施虐者永远不会再打扰你。

延期太久的藕断丝连行为非常险恶！原因就在于，十年（例如）之后，你往往早就走出了昔日的恋情，完全恢复。在噩梦中看到施虐者时，你不会大汗淋漓地醒来，不会由于私下里跟他谈话而疲惫不堪，也不会感到痛苦，你几乎不记得他了。如果在路上匆匆瞥见他，你会有轻微的厌恶感，但是更多的时候，你完全漠不关心。

现在想象一下这样的情景：你是如此平静和快乐，十年后，施虐者突然打电话给你……没有其他意思，"我打电话只是想知道，没有我你过得怎么样"。

他很严肃，略带忧郁。他表现得很有修养，也充分尊重你。这些年来，他似乎已经醒悟。而且看起来他好像"不再放荡胡闹"？

你这样想着，然后很快发现自己又和他通了电话，或者一起喝了杯咖啡。你认为这不会有任何危险。你认为自己对他了如指掌，并没有和他交好，只是闲聊天。

然后你们"又"一起生活了。这也没有任何危险，是吧？你记得他并不是一个糟糕的爱人，为什么不纯粹地与他不咸不淡地交往？情况尽在你的掌握中，只要一有风吹草动，你就可以立刻把他拒之门外……但是，任何风吹草动都没有！是的，你在想，他似乎真的改变了很多……"成熟了"……

为什么你对施虐者的这种变化信以为真？事实上，经过许多年后，施虐关系的许多细节已经被你从记忆中抹去。你不再记得自己曾经经受了多少痛苦。多年来你也一直在改变，而且变得更好了。因此，当"完全变了一个人"的施虐者重新出现时，你很容易相信他已经改变，就像你一样，也变得更好了。

停！"他完全变了一个人""我只是不了解他"——这是一个陷阱！一个人的本质并不会彻底改变。有同情心的人会变得更有同情心，施虐者只会变得更加卑鄙，更加阴险。

我认识一个女人，她带着儿子与施虐者丈夫分手。十年后他又回来了！是的，他像"完全变了一个人"。她犹豫了很久，但是最终他们又在一起了，并有了第二个孩子。然后地狱般的痛苦开始了，糟糕程度甚至比离婚前更甚，最后发展到施虐者动手打她的地步。

这个女人在50多岁时去世。在她40多岁时得了癌症，刚开始是一个器官感染，然后扩散到另一个，然后第三个器官也感染了……医生告诉她，她的疾病是由心病引起的，如果她不改变自己的生活状态，病情就会更严重……但是她还是选择留在家里——她的生命也走向终结。

"我已经完全不一样了"——这大概是进行藕断丝连行为的施虐者最狡猾、最具危险性的借口。施虐者努力做到令人信服，不惜一切代价不把事情搞砸——但是他不可能长期坚持下去。

他不一定故意欺骗你,希望在你回到他的掌控之下后给你当头一棒。实际上,他可能正酝酿着前所未有的、长时间的理想化。

我在《恐惧吧!我与你同行》的"安可"一章中引用了萨姆·瓦克宁的话。其中写到了一个情景。瓦克宁警告说,重新控制逃跑、获救和恢复的受害者,对施虐者来说非常重要。但是,如果他的这一招成功了,他的愤怒和对受害者的贬低就会比以往更猛烈,更具破坏性。

102.我把贵重的东西落在他那里了

> "我们分手后,我的自行车、笔记本电脑和冬装都落下了他那里,但是他没有还给我。我是放弃这些东西,还是向他索要呢?"

这是施虐者常用的筹码:你们分手的时候(你觉得是永久分离,但是施虐者大致能猜到"我们会再次见面"),他保留了你的一些东西。这里的逻辑很简单:一段时间后,你想要回东西,这样就不可避免地要与他接触。他只需静观其变……

或者你并不想要回那些东西,只是想让施虐者回心转意,这样你就会以索要落在他那里的东西为借口联系他。这个策略还有一种表现形式:他会把自己的"心爱之物"故意留在你那里。

施虐者为什么要这样做呢?为了在拿捏你的同时不丢面子。就好像"我只是来拿冬季备用轮胎的,并不是你想的那样"。另外,他也给了你归还轮胎的机会,也就是让你主动联系他。

在这些情况下,我的建议如下:

⊙如果他扣下了你的东西——也许你跟自己的东西说再见,比试图要回东西,然后同意与施虐者见面更好。例如,我很遗憾地"放弃"了父母送给我的珍贵图书,因为在与施虐者分手时,他扣下了

第4部分
离开吧！不要回头

我的书。

⊙如果你还没有准备好跟自己的东西说再见，就不要同意他在私下里交还物品。或者说，你假装同意与他私下里见面——把对方"引诱"出来。如果你明确地说自己会带第三个人与施虐者见面，他通常会在一段时间里陷入低迷。毕竟，对他来说，私下里见面才便于操控你。

所以，只有在亲友团在场的情况下才能与施虐者见面。你要带上坚定支持你的人——闺密、父母、兄弟姐妹去见他。

归还东西往往是施虐者的借口，他在探你的底，然后根据情况采取对策——要么叹息以往与你一起度过的岁月，让你产生疑虑和遗憾情绪，要么吹嘘自己正在与新女友过无比幸福的生活。在见面的过程中，被施虐者狂轰滥炸般侮辱、指责、威胁并不罕见。

你既不需要怀旧，也不需要被冒犯。因此，你可以带着坚定支持你的人一起去见施虐者，这样能迫使他勉强文明行事。你甚至可以站在远处（或者坐在车里），由坚定支持你的人与施虐者交接物品。

还有一个更好的选择——将谈判和见面委托给值得信赖的人：爸爸、兄弟、朋友。当然，需要确保施虐者有自控力，不会威胁到他们的安全。

如果对方不归还你的贵重物品，可以尝试通过法院索赔。以下是阿列夫季娜·阿赫梅特齐纳律师的建议："为此你需要准备文件（例如物品凭证），提出索赔，要求收回被非法侵占的财产。如果没有文件，请到警察局报告你的物品被非法占有的情况。虽然他们不会启动刑事案件的立案，但是会要求当事人作出解释。拒绝启动刑事案件的立案，可以作为民事诉讼的依据。"

提出归还财物，往往只是把你拖入辩不清楚的口舌之争的借口，这一点很容易理解，因为施虐者会逃避谈论自己不想谈及的话题：他失联了，不断推迟交还财物的时间。在这种情况下，明智的做法是不要追在他后面"跑"，因为这正是他期待的。

如果你们以前曾住在一起，而且你有那套房子的钥匙，可以偷偷把自己落下或遗忘的东西拿走。我的一位女性读者曾尝试这样做：在朋友的帮助下，把施虐者从公寓里引出来几个小时，然后她迅速开车前往，拿走匆忙离开时忘记带走的东西。

103.可以和平分手吗?

> "我曾经认为恋人之间有可能和平友好地分手,也想要和平分手,但是不知道为什么还是走向了吵架、被侮辱的结局。而且我开始认为这样分手也很正常。恋人一旦面临分手的局面,彼此肯定积攒了很多怨气,所以一定要把怨气发泄出来。"

不是的,与恋人分手并不总是需要面对呱噪不休的争吵、令人心碎的痛苦、世界末日的黑暗和漫长的恢复过程。那么,心理成熟的人是如何分手的呢?

⊙双方都非常清楚,你们已经分手,而不是他已经与你分手,只是你还不知道。标准:确定性。没有谁吊着谁。

⊙他向你提出分手的方式是正确的。例如,他向你简洁地表达歉意(如有必要),并表示愿意回答你提的问题(准确且数量合理的问题)。他没有消失得无影无踪,特别是你们已经恋爱很长时间,而不只是一起喝了几杯咖啡。

⊙即使你问他"她哪里比我好?"这样的问题,他也不会兴致勃勃地列举情敌的优点。也就是说,他与你分手,但是并没有贬低你。因此,正常的分手,没有"关于性"的羞辱和要人命的"水晶般透明的诚实"。他不仅会考虑自己,还会考虑到你的精神状态,考虑你以后如何继续生活。

⊙提出要补偿你。如果是离婚或者未登记结婚但有共同财产，分手时他会提出给你精神和物质补偿。

⊙通常情况下，你和前男友会保持正常的关系，他不会操控和诱惑你，也不会让你抱有希望。

奥斯特洛夫斯基的《柯察金的幸福》中的安德烈和塔尼娅就是成熟的人分手的范例。去读一读他们分手的情景，就能感受到其中的不同。

注意： 与施虐者和平分手通常是行不通的！你应该把自己的健康和安全放在首位，不要寄希望于卑躬屈膝。

无论是以哪种方式分手，普适的原则是：正确（没有羞辱，没有争吵）、对双方来说都透明。

104.有没有可能他真的想复合？

> "如果男友和我分手后又想复合，这是施虐者采用的藕断丝连手段，还是他意识到我是与他共度余生的人？"

有这种可能。我的判断标准是这样的：

⊙ 你们是和平分手，彼此没有变成仇人。

⊙ 他最多只能离开你一次。他在第一次正常分手后回来找你，而且不再与你分手。也就是说，没有分分合合的戏码。他不想失去你，而不仅仅是想复合。

⊙ 他会直接采取复合的行动，当面向你道歉，如果他不觉得自己有错，就会向你阐述自己的立场并表达悔意。他会开诚布公地讨论你们之间的分歧（如果你们之间有分歧）。也就是说，他不是对分歧避而不谈，或者想让你"闭嘴"，或者指责你（委婉地指责也没有）。

⊙ 如果你不同意复合，他不会骚扰、恳求或操控你。奥涅金[①]请求复合的操作就是施虐者的典型行为。

⊙ 当他再次出现时，他会言行一致。"还想重新在一起吗？"如

[①] 普希金的长篇诗体小说《叶甫盖尼·奥涅金》中的人物。——译者注

果你回答"想",你们确实复合了。他并没有像采用藕断丝连手段的施虐者喜欢做的那样,在真情表白后消失或"改主意"。

下面是施虐者请求复合的行为:

⊙他显得若无其事,最多只是说一些冠冕堂皇的道歉的话,但是显然无意"重提往事"或者"纠结于负面情绪"。他需要立即"重新开始"。

⊙他会以各种方式逃避交谈(或者打断交谈)。他只谈自己和自己的困难,但是不问你的感受或经历。他要么喃喃自语,说些让人听不懂的话,但是给你的感觉像是在承认错误,要么敦促你埋葬你们之间"令人不愉快的过往",在这种情况下,他会采取一种不自然的积极态度。

⊙他不谈自己犯的错误,充其量只是装装样子,承担部分责任。例如,他可能会说:"我确实是个浑蛋,但是你也是,我们都不完美。"

⊙他可能不会直接来找你,而是会采取各种各样的手段吸引你上钩。例如,通过"第三方"的力量促使你与他见面。这是有毒行为的标志,因为你被他骗了,他剥夺了你掌控自己生活的权利。

⊙他第二次(第三次或无数次)回来找你,来来回回,每次都会说"永远不走了"。然而,如果某人珍惜我们,我们就会珍惜与他的关系,不会让他离开。

这是一种什么情况呢?他不断地抛弃你,或者通过恶劣的行径逼迫你离开,这意味着他并不珍惜这段关系。但是,他似乎很有信心能让你回头,因为在这之前他已经成功让你回头找他了。

105. 分手后偶遇,该怎样表现才比较合适?

> "我知道,我迟早会在某个地方遇到他。这让我很担心,很害怕。我应该如何表现呢?如果我不打招呼,是不是很没礼貌?"

下次再遇见,我会把目光移开

即使心中苦痛

我也不会走近你

也请你不要靠近我 [1]

你要如何表现?就像遇到普通路人一样:只需看一眼,或者四处张望,但是不要有任何表示。就像海上相向而行的船只,交错而过,各自离开。

⊙ 你脱口而出说"你好"吗?如果你这样做,我无话可说。最重要的是要不停地向前走。

⊙ 不要向他投以轻蔑的目光,不要对他说尖酸刻薄的话,不要侮辱、嘲笑他,不要用眼神给他"甩刀子"——所有这些都是在给他

---

[1] 节选自歌曲《我不会走近你》,词作者是列·捷尔别尼奥娃和伊·莎菲拉纳。——作者注

创造自恋资源！你应该明白，他仍然能够让你心理失衡，依然可以控制你。

⊙如果他对你说难听的话，该怎么办？不管他，一律无视。

⊙如果他对你抛出赞美之词，把彩虹屁吹上天，该怎么办？不听他说的，继续往前走。他必须清楚：从现在开始他再也动摇不了你，即使他使出浑身解数也没用。

⊙理想情况下，步伐要保持稳定。不要加快速度，也不用刻意挺起胸膛装优雅。

⊙如果他叫住你，该怎么办？他说："嗨！你好吗？你有什么急事吗？"你什么都不要说，只需继续走远。

⊙如果他说"我们好好谈谈，好吗？"，该怎么办？继续往前走，就像你什么都没听见一样。你们之间的事情已经反复说了几百遍，你已经确定再谈也改变不了任何状况。

⊙他跟着你，该怎么办？凭借你的自制力，继续往前走。如果你担心受到攻击、骚扰，可以拐进超市里，最好是大超市，然后长时间在超市里"逛"。

⊙提前为可能的偶遇做好心理准备，而且在脑海中想象这个情景。这能让你在肾上腺素飙升时迅速"恢复理智"，而让你不愉快的想象会导致你腿发软，情绪激动。

⊙如果你停下脚步跟他说话，可能是个大错误。我们都知道施虐者多么会聊，多么能激发我们的情绪。你要知道，你付出了很多努力才跟他分手！不要让自己的努力成果归零。

回想一下，塔季扬娜·拉莉娜·格里米娜在舞会上意外地与奥涅金相遇时表现得多么落落大方。

  公爵立即去找他的妻子,
  把自己的亲戚,也是朋友,
   带到她面前。
 公爵夫人看了他一眼……
  无论她心头多么困惑,
  无论她觉得多么惊奇,
  无论她感到多么诧异,
   她都丝毫不露声色:
  依然保持着原有的风度,
 弯腰鞠躬时,依然娴雅如故。
嘿嘿!她确实没有颤栗和心跳,
没有突然间脸色发红或变白……
  也没有把嘴唇轻轻咬一咬,
   甚至连眼眉也没有扬一扬。
 尽管奥涅金看得不能再仔细,
 但昔日那个塔季扬娜的痕迹,
   他一点儿也找不到。
  他很希望能够和她攀谈,
   然而,他开不了口。
 她问,他来了很久吗?来自何方?
   是否来自他们的家乡?
接着便把她困倦的大眼睛转向她的丈夫,

悄悄地走开……

只留他独自在那里发呆[①]

重要提示： 重温前面我们说的与施虐者再次见面的情形。如果"前任"是一个正常人，你们理智地分手了，那么，你们当然可以一起攀谈几句。而且你还可以与他保持联系，这对双方都没有坏处。

[①] 节选自普希金的诗体小说《叶甫盖尼·奥涅金》。——作者注

106. 与他断绝联系100天后，可以恢复交往吗？

> "我已经与他断绝联系100天了，我对他的依赖已经不那么强烈，我想尝试冷静地与他沟通。毕竟我已经知道他是什么样的人，应该如何与他相处……"

很遗憾，这竟然是你自己对断绝联系100天的理解。许多文献表明，这是在内心净化施虐者施放的"毒药"所需的最短时间。也就是说，决定与施虐者分手后，受害者不能去见他或者听别人说起他。只有这样，受害者才能在一定程度上减轻自己的情感依赖，回到相对"清醒"的状态。从本质上讲，这是心灵恢复之路的起点。

但是由于某些原因，有些人会对断绝联系的建议有误解。他们认为，在这三个月里，重要的是不要联系，彼此"冷静"一下，然后再恢复交往，无论是成为"纯粹的性伙伴"，还是"做普通朋友"。

这种误解会带给你很大的危险！在断绝期，你只是在"清醒"的过程中变得更强大一些，度过了第一波剧烈的悲痛，根本没有开始恢复，更别提拥有了"冷静的头脑"。因此，无论你是接受他发出的藕断丝连的请求，还是主动向他发出藕断丝连的信号，你有99.99%的概率会重新跳进施虐者布设的火坑。那么，请你告诉我，你在这100天里遭受的痛苦和折磨，就这样被归零吗？你这样做值得吗？而你却强烈地期待这100天结束，这和酒鬼激动地期待有一天能喝酒有什么不同呢？

  与施虐者恢复联系在任何时候都是危险的。受害者已经完全恢复，安排好了自己的生活，过了三五年，甚至十年——一次偶然或非偶然相遇后，"一切努力都白费，你们又回到原点……"，这种情况并不少见。

107.我们分手了，但是在同一间办公室工作

> "我和他在同一间办公室上班。我们很久以前就分手了，可是当我看到他在我面前晃荡，尤其是看到他和其他女同事调情时，我仍然感到不舒服。怎样才能不再有这种反应？"

事实上，当你被迫与施虐者经常见面，甚至接触时——心理恢复会更加困难，需要更长的时间。能够在分手后将施虐者完全从自己的生活中排除的人，在分手后的一年时间里心理会有明显改善——但是，经常接触施虐者的人，即使过了一年、一年半，还是会觉得自己没有走出来，或者陷得更深。

为什么会出现这种情况呢？因为你违反了彼此断绝联系100天的原则。心理学家推荐的彼此断绝联系100天的原则是摆脱依赖关系的重要条件。与施虐者保持非自愿的接触，只能说明你没有为这段关系画上句号，只是画了一个分号，你不由自主地等待着他的下一步行动，或者至少不断处于紧张状态：他明天会搞出什么名堂？

在这种情况下该怎么做？当然，最好的做法是换工作并切断与施虐者的联系。但有时候你可能做不到。

如果做不到，我建议你采用另一个方案——一位过敏科的医生告诉我的方法，我把它称为"排除法"。原理很简单：如果你对某种

植物的花粉过敏，就在它开花的这段时间里尽可能去别的地方。让它自己开花吧——开完你再回来，避免自己的病情加重。

这个办法在我们的案例中是如何发挥作用的呢？你给自己定一个目标——不再爱这个人，给自己放个假，或者去外地学习或进修。在内心给自己定一个要求：再回到办公室后，一定要变成完全不一样的人。你要人为地把自己的生活分为"休假前"和"休假后"。在"休假前"，你依赖施虐者。在"休假后"，你会感到还有一些"残余"的影响，但是你知道已经渡过了卢比孔河[①]，从那天起，依赖会逐渐消退。

重要提示： 你必须下定决心调整好自己，而不是等待"排除法"创造奇迹。

---

① 意大利北部的一条河流。在西方国家，"渡过卢比孔河"意为"破釜沉舟"。——译者注

108.如何在施虐者身边再撑半年?

> "我和他经营着共同的生意。由于完成这个项目需要五个月,我现在还不能和他断绝关系。我们每天都在私下里沟通。在工作中,我们算是朋友,但是每天都在吵架。我怎样才能撑过这几个月,尽可能保护自己?"

这里有一个小问题:在频繁的日常接触中主要谈什么?如果是谈与工作有关的事情,那就只谈论相关话题,其他的话题免谈。要分清楚哪些是真正与工作有关的话题,哪些是他试图借此控制你、在情感上动摇你的话题。

每当你意识到这是对方的操控行为时,就要切断沟通。不要浪费精力去揭露他的操控行为,直接忽略就好。你的任务不是对抗(在这种情况下,对抗很耗费精力,而且毫无意义),而是从冲突中走出来。

不要讽刺他,也不要与他争吵,只需忽视他不够礼貌的话语。你可以坚定地说,如果他再用这种语气说话,就不再与他沟通。在你的要求得到满足之前,要坚定地做到不再与他说话。

不要浪费自己的精力。不要和施虐者吵架,他对这方面贪得无厌,争吵几乎是他生活中唯一的乐趣。否则,经过五个月艰苦的工作及与施虐者的磨合,你会变成汁水被榨干的柠檬,而不是准备离开并开始新生活的人。

尽可能少与他沟通。不要分享你的想法。多在公共场合沟通,不要与他独处。如果你们在同一个空间工作,尽量确保你们在沟通时有其他员工在场——他不得不表现得很体面。

最好不要跟他说你准备离开他。你不需要看他情绪爆发,也不需要听他剖析你们的关系,甚至不需要理睬他用糖衣炮弹轰炸你。理睬他没有任何意义,而且会耗费你大量的精力。

当然,自恋者会在得不到自恋资源时翻脸,甚至会大闹一场,从你身上榨取自恋资源,也许还会出现人身攻击。这时候你就要假装自己资源不足,让他不得不去其他"牧场"寻找食物;或者给他灌迷魂汤,用大量自恋资源砸他,让他失去警惕;或者同时使用这两种方法。你知道他的弱点——要在他的弱点上下功夫,激起他的志得意满。

即使你们没有共同的商业联系,也可以使用这样的策略,你要为逃跑积蓄力量和资源。比方说,你已经算好了要在五个月内完成所有的工作,那就秘密进行一切行动,避免与施虐者发生冲突,保存自己的精力。这种策略被称为"灰岩法则"[1]。你可以继续与施虐者保持沟通,但是要表现得"很无聊",或者不动感情。当然,他不会轻易放弃,而是试图在情感上动摇你,逼你作出反应。这时候,"曲线救国""假装保持中立"非常重要。

"灰岩法则"可能是那些已经与施虐者分手,但是由于各种原因

---

[1] 详见《恐惧吧!我与你同行》一书。——作者注

（在同一个地方工作，或者有共同的孩子）不得不与施虐者保持沟通的最佳选择方案。在这种情况下，尽量减少接触非常有意义。在接触过程中，你要不动感情，不接他的话，不主动发起谈话，不要有除漠不关心之外的任何感情。

重要提示： 仅把"灰岩法则"作为不得不采取的临时措施，不要长年累月地使用，例如，与施虐者长期保持联系。否则，总有一天你会发现，你真的成了……没有感情的石头。

109.他拍了我的很多照片，他可能会借此做出卑鄙的事情吗？

> "他拍了我的很多照片，而且有的是裸照……分手后施虐者是会保留照片和信件，还是会删除？他可能会利用这些照片做出卑鄙的事情吗？"

许多女性读者写到，施虐者常常痴迷于拍摄她们的照片，他们连哄带骗地要求她们配合拍摄色情照片和视频，而且他们常常直接提出这样的要求！

施虐者还喜欢若有所思地打开自己的手机，给伴侣读以前或现在的"迷妹"发的信息。而且施虐者可能会问："你这么聪明，怎么看这个问题？"此外，他也会将与某人的聊天记录截图转发给你，而且往往是大篇幅的聊天记录。

施虐者是从哪里得到这些"好东西"的呢？他是有一个专门的文件夹保存这些东西吗？施虐者保存这些"档案"，是为了达到以下目的：

⊙激发你的情绪。他在不同的场合会采用不同的手段。例如，吹嘘自己有魅力——"这个女人为了我离开了她的丈夫，她的丈夫可是个大好人。"还有就是获得自我贬低的变态快感——"我由于特殊的性取向而被拒绝了——我什么都不是。"

⊙抛出"前任"的"黑料",刺激你的神经。他会"不小心"让你看到他与其他女人亲密的聊天记录或没有完全删除的"前任"的照片,好像试图通过照片向你展示他的忏悔告白……

⊙给其他人发送图片和聊天记录截图,当然是有意做了一些删减。

⊙赞美你的优点。正如我之前讲过的,施虐者会同时将你的这些优点"占为己有"。

⊙从你发的信息中提取一些思想,把自己树立成博学、能共情的人。

⊙通过发你的照片的方式爆你的"黑料",给自己安全感。他会安慰自己说可以随时"毁掉你的生活"(他也会直接这样跟你说)。他并不经常这样做,但是会重新审视这些照片,激发自己复仇的想法——这是他最喜欢的消遣方式。

一旦你与施虐者发展恋爱关系,你会永远被困在他的势力范围内[1]——他的脑海中。但是,施虐者是否认为已经从受虐成瘾中恢复过来的伴侣是他的"备胎"?这真的很重要吗?让他生活在这种幻觉中吧!重要的是,你已经摆脱了他,而且你确信"你们之间永远不会再有任何联系"。

不要惊慌,不要害怕施虐者会利用你的这些"污点"做卑鄙的事情。是的,可能会发生这种事情,但是也不一定会发生。通常情况

---

[1] 关于自恋者的"后宫"和势力范围,请参阅三部曲的第二部《这都是他们的事》。——作者注

下，施虐者会恐吓你，他对你的困惑、恐惧饶有兴味，他喜欢像玩猫捉老鼠的游戏一样与你周旋，这是又大又深的自恋资源储蓄池。

因此，一旦出现恐吓的苗头，你需要作出正确的反应，即："不要退缩"。要让施虐者感受到你的力量和不屈。如果你表现出恐惧，或者试图劝说他，让他摸摸自己的良心，并与他讨价还价，他就会欣然加入"游戏"，疯狂地向你施压。

110.他向我的朋友爆我的"黑料"

> "我被'前任'跟踪了,不是在现实生活中,而是在互联网上。他把我的网友找出来,并把我的个人资料(黑料)私发给他们,专戳我的软肋。他还威胁说,要把他拍的我睡觉时的照片公布出来。我怎样才能阻止这个恶魔把我拉进地狱呢?"

既然事情已经发展到这个地步,就要接受,而且要明白这世上的所有事情并不都在你的掌控之下,更不用说一个变态人格者的行为。所以,你所要做的是放手,等着事态慢慢淡化。

他为什么要这样做?他是在期待你的反应。而结束这一切的唯一方法是欺骗他。如果你有下列反应,就意味着你在"垂死挣扎",也就是说,你已经确认自己是他骚扰的目标。

⊙"人性化"地乞求他,让他看在佛祖的面子上放过你。
⊙威胁他,向他的朋友爆他的"黑料"。
⊙告诉他,你要起诉他。
⊙试图通过满足他的要求"收买"他。
⊙在他向你的好友爆你的"黑料"时,向好友解释。
⊙发起反击,揭露他的真面目。

如果你有上述反应，施虐者就会对你穷追不舍，变本加厉。而随着你的每一次反应，游戏将无休止地进行下去，彼此的关系会变得越来越糟糕。这是他无论如何都不想错过的获得乐趣的机会！

你能采取的最好办法是重新审视他的滑稽行为。想象一下，最糟糕的事情已经发生了，例如，他群发你的半裸照片。接下来呢？

是的，这会让你很尴尬。但是，像许多事情一样，这并不会让你活不下去。就像日本人常说的，八卦活不过75天。天塌不下来。然而，如何挺过丑闻被曝光的这段时期，取决于你事先的心理准备。

只有在现实生活中被跟踪，才是危险的。例如，这个人在大街上冲过来打了你一拳，或者放火烧你住的公寓的门，试图闯入你家。遇到这种情况，就需要报警，或者更好的做法是搬家——"玩失踪"。

111. 听到昔日我们一起听过的歌，我哭了

> "分手后，很多事情都让我很痛苦。当听到昔日我们一起听过的歌时，我哭了。开车经过他家附近，或者看到长得像他的人，我也会哭。我怎样才能不再有这种反应？
>
> "——我们的街道！——但现在已经不是我们的了……
>
> "——我们在这条街上来回走过很多次！——但现在已经不是我们的街道了……"①

在与施虐者交往的第一个阶段，你们全身心投入爱情，兴高采烈，欢欣鼓舞；你们心灵相通，品味一致……你们慷慨地分享彼此所爱的一切——歌曲、诗歌、某个地方、口味……

然而，事实证明，你所珍视的一切都"被污染了"。由于他是施虐者，因此，你所喜欢的东西与失落、背叛、欺骗、被羞辱的感觉紧紧联系在了一起。

所以，你要把你们所爱的东西从你的记忆中抹掉吗？不再听你们一起听过的歌吗？避开你们一起去过的某些地方吗？由于糖果是他送的，就不再吃自己喜欢的糖果了吗？

---

① 节选自玛丽娜·伊万诺夫娜·茨维塔耶娃的《终结之诗》。——作者注

就我而言，我不准备做这样的牺牲，否则会在脑海中产生负面联系，进而引发潜在的危险。试想一下：听到一首你们曾一起听过的歌，你的心情一整天都会很沉重；闻到奶渣饼的味道，你会想吐；你再也不会在喜欢去的森林里聚餐吃烧烤了……

对于在脑海中把自己与负面联系"捆绑"的做法，我告诉你我是如何凭直觉摆脱的。当我十几岁时，在我最悲伤的时候，我选择听着我们曾经一起听过的歌，去我们曾经一起去过的地方。我为什么要这样做？

⊙我不希望自己在脑海中形成与负面联系带来的痛苦的捆绑，因此我趁热打铁"把面粉和饼分开"。让心爱的小树林还是小树林，继续为我所爱，但是必须把施虐者的形象与它分开。

⊙我不打算把我珍视的东西"拱手让给施虐者"。我也不想把因他而喜欢的东西"还给"他。例如，施虐者给我介绍了几首歌，我很喜欢。我现在就不能听这些歌了吗？

相反，我觉得尽快打破"施虐者与好听的歌"之间的让我痛苦的联系才是正确的选择。是的，这些歌我会听，而且我正在听！如果你能够忍住不去回忆最初面临的痛苦，很快就能打破这些让自己痛苦的联系。奖励是："这首歌不用跟你说再见"，再也不会有让你痛苦的联想。

重要提示： 这个建议并不适用于所有人！你必须考虑自己心理的独特性，忍受"解绑"的程度。也许你可以在晚些时候处理这些会触发自己负面情绪的因素，直到你变得更强大。

112.如果我们有孩子,我该怎样离开他?

> "我无法下定决心离婚,毕竟我和他有个女儿。虽然女儿抱怨爸爸伤害了她,但是我对女儿说,爸爸是爱她的。我怎么能剥夺女儿对爸爸的爱,即使她的爸爸是这样一个人。"

如果你不幸与施虐者有了孩子,就不要给孩子灌输"爸爸是爱你的"这样的思想,而是应尽早让孩子离开有毒的环境,否则对孩子的身体和精神健康都有危害,而且危害源不仅是爸爸,还有……你。

继续和施虐者在一起,你将无法给孩子提供你原本可以提供的资源。如果你已经被掏空,哪里还有资源给孩子?

种种暴行是在你们还没有孩子的时候就开始了。对于施虐者来说,女人在不断的争吵、分分合合,甚至被殴打,怀上孩子并进入分娩期后,就已经"可有可无"了。在怀孕期间和孩子出生后,施虐者经常会发脾气。

一位读者给我讲过,她的丈夫在她生孩子前变得很粗暴,她在妇产医院痛苦地嚎叫了三天,因为孩子生不下来,而施虐者却一直打电话向她施压!好在医生没收了她的手机,禁止她与丈夫联系,直到她成功分娩。

这个女人为什么生不下来孩子?当然,可以从女人的生理角度找原因，但是我认为原因很简单：她将自己所有的精力都耗费在了施虐者身上，此刻她已经没有更多的精力分娩……

这个女人已经深陷资源短缺的境地。接下来在她身上会发生什么？当她需要给孩子哺乳的时候，她能给孩子什么呢？

心理学家把这种"被掏空"的女人称为"死了的妈妈"。这是一位生命汁液被吸干并继续被有毒环境压榨的妈妈。毫不奇怪，她没有精力管自己、孩子和其他事情。

这样的女人往往会对她的孩子漠不关心，拒不接受孩子——并不是因为她冷酷，没有责任心，而是因为她根本没有精力！一个经常陷入抑郁状态的妈妈，在她的孩子面前被施虐者贬低和羞辱，被施虐者的过分要求压得喘不过气来，她又能给孩子什么呢？她自己都在挣扎中求生……

而她往往没有心力"深入思考"或者反抗。她试图维护自己已经摇摇欲坠的"家庭地位"，以赢得施虐者的认可。与施虐者保持施虐关系的女人，在不知不觉中成为虐待其子女的元凶，也被动成为施虐者"教育"措施的帮凶。

不幸的是，我们经常打着"不想让孩子在没有爸爸的家庭中长大"的旗号，让孩子陷入施虐生活中。我们来看看在所谓"完整的家庭"中成长起来的小受害者的状态。

我的一位女性读者在她的儿子5岁时与身为施虐者的丈夫离婚。她回忆说，在这个"完整的家庭"中成长起来的孩子有口吃、结肠易激综合征、睡眠不好等问题，经常住院。现在这个孩子已经9岁。在所谓"完整的家庭"中存在的问题并没有影响到这个孩子——如果他的爸爸是"有爱"的爸爸，为什么孩子在妈妈组建的新家庭中成长为更健康的孩子呢？这是巧合吗？我不这么认为。

还有一种更严重的情况。我知道，有一个10岁的男孩经常大便失禁，时不时把大便拉在裤子里。他的妈妈被她的丈夫折磨得筋疲力尽，她试图成为"有爱"的妈妈，但直到孩子9岁的时候才想到去解决这个问题。

妈妈带他去看了医生。可以预见的是，没有检查出任何问题。接着妈妈又找了一位儿童心理医生给他治疗。医生也找不到引起孩子大便失禁的原因，但是给他开了药，因为医生觉得这个男孩有些神经紧张，行为也很"奇怪"——处在因行为不当而害怕被学校开除的恐惧中，而且疑似在学校有自闭症倾向。但是我认为最有可能的是，学校只想让这个有问题的孩子"自生自灭"……

嗯，他有非常明显的大便失禁问题。他以一种有自制力的方式把大便拉在了裤子里：严格地说，是在他妈妈面前。其他时候他都忍着——显然是为了把这个"惊喜"给妈妈。孩子对妈妈说："妈妈，我恨你。"孩子害怕并崇拜身为施虐者的爸爸。我认为这种大便失禁状态是表达愤怒的方式，也许是对亲情的呼唤。

下面是我的另一个女性读者最近发给我的故事："他带着亲生儿子与我一起生活，他儿子有轻微的发育迟缓和语言障碍，六岁时还会突然把大便拉在裤子里，并且经常有强迫性动作，例如拉衣服领子。我现在意识到，这一切都是他爸爸不称职造成的后果。"

你需要想一想，自恋的爸爸的"爱"，以及你"给孩子一个爸爸"的愿望，是否让孩子付出了太大的代价……

儿童非常敏感。他们的心理还没有像成年人的心理那样被理性化。因此，说服孩子相信粗鲁或冷漠的爸爸实际上是爱他的，会造成孩子认知扭曲，会促生孩子的内疚感和自卑感。毕竟，如果爸爸爱他……却对他不好，孩子会怎么想？他会觉得自己是个坏孩子，如果自己是好孩子，爸爸就会对他好。

而且由于生活在充满暴力的环境中，孩子会习惯性地将暴力作为一种行为规范。成年后，他也会追随爸爸的脚步，沿袭这种方式。然后你会惊奇地发现，为什么你的儿子长大后会变得残忍又冷酷。

最后还有一点：由于你的孩子在你的丈夫不断贬低和羞辱你的环境中长大，因此他不会尊重或同情你。他会把他爸爸的态度作为对待你的榜样。他会站在爸爸一边，因为他处在斯德哥尔摩综合征状态中，并通过与爸爸结盟来保护自己。

孩子会变得习惯于把你当作仆人和没有价值、无足轻重的人。这种情况往往会因无意识地憎恨你而加剧，因为你是"叛徒妈妈"，让他生活在有毒的家庭氛围中，把他"献祭"给了身为施虐者的爸爸。

113.反正他不会放过我们……

> "我觉得自己走进了死胡同,我必须离婚。但是我们有两个孩子,终归还是要与他沟通。我觉得他无论如何都不会放过我们。那么,离婚有什么用?"

我经常收到准备把孩子从身为施虐者的前夫那里带走的女性读者的来信。她们通常对前夫的能力有很多让人恐惧和夸大的认知。我们来分析一下那些典型的情况。

⊙ "由于我们有共同的孩子,我们不得不经常接触。"

为什么要这样想?你现在只需要按时从你的前夫那里收取孩子的抚养费,让他按协议(或者按照法院判决的时间)照看孩子就行。

其他事情都不用做。既不要让他进门,也不要给他茶喝,不用向他汇报你的消费情况,不给他你的联系方式,也不用听他辱骂你是个一无是处的妈妈,总之什么都不用做。

所以,最好立即切断前夫以看孩子为名对你施加的控制。我的一位读者告诉我,她的前夫每天都会打电话查岗,还闯入她所住的公寓,搜查她的衣柜。你不是孩子的附庸,尤其是不久前(离婚后),你已经完全自立。请扼杀他通过孩子控制你的企图。

离婚后你需要立即与前夫划清界限。这样，他很快就会习惯一个事实，即你会拒绝他任何控制你和强迫你跟他沟通的企图。我的一个朋友很快就让她的前夫不再闯进她的公寓。她从一开始就向前夫提出，他应该在车道旁、汽车里或其他地方等着孩子出来见他。

⊙ "他坚持要见孩子。"

你完全可以不允许他见孩子，如果你的前夫之前对孩子漠不关心或者对孩子很粗暴，突然间又一改往日的作风，表现得很爱孩子，那么你不让他见孩子的做法是对的。他突然迸发热切感情的目的很明显：企图保持对你和孩子的控制。

如果他想看看孩子，就让他去法院起诉吧。在有必要时，你可以通过律师提出你的反诉意见。例如，前夫有严重的犯罪行为，你有被打的证明；前夫当着孩子的面大吵大闹，对你和孩子动手。孩子在这种情况下会神经高度紧张，因此你必须保护孩子不受前夫的影响，或者请求法院让他在你或你的代理人在场的情况下与孩子见面。

如果你的前夫还算是个称职的爸爸，而且你相信孩子跟他在一起很安全，就可以通过法院制定一个他看孩子的时间，并监督其遵守。

顺便说一下，有些女人会先向法院提起诉讼，确定孩子与爸爸见面的程序，指定希望的见面地点和时间。我没办法判断这是不是一个好的选择，但是一些律师认为这里有一个隐性规则：谁先提告，谁有理。

114. 父母不理解我为什么离婚……

> "我对是否离婚犹豫不决,因为我觉得自己不会被父母和亲戚理解。他们不仅不会理解,甚至还会批评我!毕竟在他们眼里他是个耀眼的人物,他们会认为我简直是疯了,我编造了某种施虐关系,而且我也不是追求者成群……"

是的,误解和谴责——尤其是来自你身边的人的误解和谴责——会给你造成伤害。但是这些伤害你是可以忍受的——前提是你确定自己是一个真正的成年人,而不是心理很不成熟的人,你不会由于父母可能不支持你而陷入焦虑和恐慌。当然,这并不意味着你不在乎他们的意见,而是你知道如果你的意见与父母的意见不一致,你自己能够决定该如何生活,不会为此感到内疚,觉得自己是"失败"的女儿。

如果你特别害怕被父母谴责,以至于宁愿容忍任何事情,也不愿意"冒犯"他们或者使他们"失望",那么你很可能还没有在心理上与父母分离,还没有成为真正的成年人。在面临危机时,你不是被所谓合理的想法支配,不是被你自己和孩子的利益支配,而是被基于内疚和羞耻的自我毁灭的情绪支配。

⊙ 为自己的"不完美"和不符合好女人的形象而感到羞愧。毕竟你的女性亲戚在结婚后都是从一而终，没有被丈夫抛弃。

"好女人"不会看错人，有能力解决任何冲突，能够"笑对人生"……觉得离婚是向自己、他人承认自己不是好女人。真可耻。

⊙ 对孩子非常内疚——想法也是一样的，认为孩子有一个不完美的妈妈。毕竟完美的妈妈有丈夫（必须是好丈夫），孩子也有慈爱的爸爸。如果没有，那么……就像上面第一点中说的——因自己"不配"而感到羞耻。

如果你对离婚的恐惧源于对孩子和身边人的内疚，以及对自己的"失败"和"不完美"的羞愧，那么这些都是你无法摆脱父母的支配和自我厌恶的原因。这是需要自我消化，甚至需要寻求专业人士帮助的严重情况。否则你的生活会有很大的风险，会很糟糕，这不是你想过的生活……但是有希望得到身边人的认可。注意：只是有希望，但是不能保证。

还有一点，我的读者，在你成年并与父母分开后，你认为的会使父母失望和不愉快的感觉就会消失。也就是说，你只需要振作起来克服这种心理就可以了。随后，你就会很容易摆脱父母对你的支配。

115.我们离婚了,但是他每天都来

> "我与施虐者离婚了,但是他几乎每天都来找我和孩子们。他说:'我不是来见你的,我是来见孩子的!'他还说如果他抓到我和别的男人在一起,就把孩子带走。只要看到他,我和孩子们就会不寒而栗。即便我们在自己的房间里,也没有安全感。就目前的情况来说,我是否有权禁止他闯入我所住的公寓?"

这是女人与施虐者离婚后的常见情况。没有预想的解脱,只有困惑、焦虑、内疚和其他无穷无尽的问题……

⊙我有权把孩子与他们的爸爸分开吗?
⊙我能否限制孩子与他们的爸爸来往?
⊙来自爸爸的密切关注与企图通过孩子控制我之间的界限是什么?

"儿子需要与爸爸沟通""虽然你们已离婚,但孩子是无辜的"……所有这些所谓的关怀和劝告,都是环境侵略。

施虐者借着慈父的名义继续赖在你们那里。你想方设法摆脱的人又回来了。你以为自己摆脱了他,但是他以"我们不是陌生人"和

"毕竟我是孩子的爸爸"为幌子继续毒害你的生活。而且他仍然不关心孩子的生活状况。大多数时候,他只是想纠缠你……

我的一位读者说,她的"慈父"在与妈妈离婚后的20多年里,仍然像上班一样每天去她们家吃吃喝喝,继续虐待她和她的妈妈。妈妈不知道如何保护自己,她不敢将前夫拒之门外的第一个理由就是臭名昭著的"不能让孩子没有爸爸",这是玛丽亚·阿列克谢夫娜公爵夫人[1]的"名言"。她的妈妈从来没有建立健康的个人生活——这也难怪,多年的生活压力导致她得了癌症,她在很年轻时就去世了……

现在,这个"慈父"正在粘着已经长大成人的女儿——所以她用栅栏把自己的公寓围起来,不敢开灯。

离婚后,你可以在法律和心理层面保护自己不被前夫骚扰。从法律上讲:

⊙你有权(非正式地)阻止前夫见孩子,直到他通过起诉获得探视权,或者你去法院起诉前夫,通过法院的裁决制止或限制他的探视。通过起诉,你们可以就见孩子的频率和时间以及其他细节达成协议。如果前夫对孩子有暴力倾向,孩子怕他,你应该向出色的律师咨询,收集他以暴力方式对待孩子的证据,在法庭上拿出有力的论证。

⊙你有权不让前夫进你家。这里不再是他的地盘。

⊙无论你是否开始新恋情,你的前夫都会尽力控制你。但是你不必对他负责,你也不应该被他的威胁吓倒。这样他就无法以你"不道

---

[1] 格里鲍耶陀夫的代表性喜剧作品《聪明误》中的人物。——译者注

德"为名,把孩子从你身边带走。虽然你很难做到这一点,但是这种威胁对你没有影响。提高自己的法律素养,不要让自己被吓倒。

现在谈谈如何从心理层面保护自己。

⊙学习和研究关于施虐者的理论——什么是自恋资源,是怎么操作藕断丝连的,这样你就能脱口而出,不会惧怕前夫,也不会对他抱有幻想和希望。不了解关于施虐者的理论,你就很难恢复正常的生活,你会有负罪感,被怀疑所折磨,甚至一次又一次跳入火坑……

⊙摆平自己的恐惧和幻想。是什么让你对"不完整的家庭"这种认识如此恐惧?为什么闲言碎语和亲人的劝告对你有如此大的威慑力?面对孩子,你为什么对"让他们失去爸爸"感到内疚?

说实话,我们对施虐者对孩子的影响有一些神奇的想法,认为他可以做到女人做不到的事情。事实是这样吗?

如果你的孩子在"没有爸爸"的环境中长大,孩子会错过什么?错过"严父的教育"?你是如何理解"严父的教育"这个概念的?是"父亲强硬的教育"吗?如果你想让自己的孩子敬畏某人,遵守严格的等级制度,并希望他人"像男子汉一样对孩子说话",那就送他去运动队。但是我会建议你给他选择一位不那么霸道的教练。

没有爸爸,你的家庭会"不完整"吗?"完整"不能用是不是有爸爸和妈妈来衡量,而要用是不是有温暖的家庭氛围来衡量。

害怕与施虐者离婚,却说服自己是为了孩子才不离婚,并扮演被社会认可的"苦主"角色,难道这不是自欺欺人的行为?你是不是(不自觉地)为了维持自己"好女儿、好妻子、好妈妈"的形象,认为女人该有的一切自己都必须有?你工作是为了看起来像"独立女性"吗？

执着于"爸爸形象"的存在，也是对自己作为女人和妈妈的一种不尊重。这就好像你认为自己很软弱、不够聪明（相对于"聪明"的爸爸而言），甚至"歇斯底里"，等等。

但是，如果你是成熟（好吧，正在成熟）的人，无论男女，你就有能力抚养孩子。当然，无论男女，不成熟的人也能抚养孩子，只是养不好而已。

总结： 对孩子来说，重要的不是一定要有爸爸，而是要有称职的爸爸或妈妈。爸爸正式参与到孩子的成长中，既不能说是好事，也不能说是坏事。但是施虐者爸爸对孩子没有任何好处。

既然我们在讨论"没有爸爸"这个让人恐怖的问题，现在我们就来驳斥一些常见的迷思。

⊙ "对孩子来说，家庭成员的关系模式非常重要。如果他是由单亲妈妈抚养长大，他就很难建立起良好的人际关系，他会孤独终老，甚至成为同性恋。"

在这种情况下，施虐者爸爸或前仆后继的"过路继父"（女人想通过各种方式在孩子心目中树立"爸爸的形象"），无论如何都不会成为孩子建立良好人际关系的典范。

孩子并不总是沿袭父母的家庭模式。我认识一些由单亲妈妈抚养长大的孩子，他们后来的婚姻很美满。我也认识一个45岁的好男人，单身且没有孩子，但他是在慈爱的父母身边长大的。单身只是他的选择。

第4部分
离开吧！不要回头

孩子不是在真空中长大的！除了"妈妈和他自己"，他还能看到周围环境中不同的关系模式。随着他不断吸取周围环境中不同关系模式的经验，他最终会选择最接近自身情况的模式，而且可能是特定时间段内最适合自己的模式，毕竟情况在不断地发展变化。

再思考一下：孩子为什么需要"传统家庭关系模式的榜样"？对他来说更重要的是建立"传统家庭"，还是获得幸福？你希望他成为什么样的人：成功的单身汉，还是愤懑的、有问题的"传统主义者"？即使你从国家的角度考虑，哪些人对社会更有价值，更有生产力？当然是想让他获得幸福。顺便说一下，非正常的性取向并不妨碍生孩子。

⊙"孩子长大后会指责我剥夺了父亲对他的爱。"

如果你给了孩子所需要的一切，最重要的是给了他爱和温暖，他为什么要责备你？我相信更多时候你听到的会是相反的指责：妈妈，你为什么让我的童年在地狱里度过？

如果爸爸是个好爸爸，即使你们已经离婚，他也不会从孩子的生活中消失，"被剥夺了父爱"更加不可能。而如果他对孩子视而不见——他也会这样指责你，你也能拿出有力的证据驳斥他。

⊙"当孩子问起他为什么没有爸爸时，我该怎么说呢？"

你说……没有爸爸！这个世界上有各种各样的家庭：有既有妈妈又有爸爸的家庭；有只有妈妈或只有爸爸的家庭；还有……两个

妈妈或两个爸爸的家庭。但是无论如何组合，只有心理成熟的人组建的家庭才是好家庭。

看看你的周围。妈妈离婚（单身）带孩子已经是常态而不是个例。也就是说，不存在你的孩子没有爸爸就跟别的孩子不一样的情况。简而言之，在有父爱的环境中长大固然是好事，但是如果没有……也不需要硬凑。

116. 我害怕他把孩子从我手中抢走

> "每次我提起离婚，他就说我爱滚到哪里都可以，但是不会把孩子给我。于是我陷入即将失去孩子的恐慌中，立即闭嘴不再提离婚的事情。只要他不把孩子从我身边抢走，我什么都能忍……"

施虐者丈夫经常利用你担心失去孩子的心理拿捏你。当然，他想要的不是孩子，他的目的是拿捏你，保持对你的控制。

如果你掌握一些法律常识，就会知道他的说法很可笑，他只是吓唬你罢了。特别是还没有领结婚证的所谓"丈夫"这样威胁你，就更可笑了。如果你深究法律条文，就会知道孩子不是任何人的所有物。

需要非常有力的证据才能把孩子从妈妈身边带走：

⊙有证据和证人证明，妈妈没有履行自己的职责，对孩子有虐待行为。
⊙证明爸爸物质生活更优越的文件。

如果你适当地履行了妈妈的职责，没有不道德的行为，而且孩子愿意和你在一起，那么就很难把孩子从你身边带走。

117.如何在争夺孩子时，不失去自我？

"我正在和前夫争夺孩子的抚养权。现在我占上风，相信最后我肯定能赢，但是这需要数年时间，而不是数月。在法律和善良的人的帮助下，我坚定自己的立场，依法行事，相对来说不徇私情。但是……我没有任何满足的感觉，因为我不擅长与他争夺孩子！看到他对我的羞辱，听着我曾经爱过的人说的谎言和对我的贬低，我感到非常痛苦和不快。是的，虽然我现在'占上风'，但这场斗争会有结束的一天吗？毕竟斗争对他来说是生命的意义所在，而对我来说是不正常的！

"虽然现在我'占上风'，但是接下来会怎样？他下次会怎么做？如果我'把他打压得太狠'，会不会影响他的健康？我的'良知'在谴责我……

"是的，我明白没有必要可怜他，但是我也是人。我想给他一个亲切的拥抱，告诉他：'不要再做蠢事了，我们一别两宽，心平气和地抚养我们的孩子长大……'

"如何保持这种'正常的平衡'，不滑向仇恨的深渊，或者不屈服于怜悯，不幸灾乐祸，不以其人之道还治其人之身，不陷入不断的挣扎？毕竟对我来说，所有抗争的意义不在于改造施虐者，不在于报复他，不在于'占上风'。我的目的是保护孩子，保护自己，有理有据、依法依规地行事。"

第 4 部分
离开吧！不要回头

我认为保持"正常的平衡"的关键是你的动机一定要正当。毕竟你所做的一切都是为了最大限度地保证孩子的利益,而不是为了"教训"前夫。你要保持自己的回击是良性的、被迫的、防御性的——是对他攻击的回应。

关于"拥抱和谈心"——尽你所能克制这种冲动。对他来说,这种做法是你软弱的表现,给了他发起攻击的信号。有了这样的姿态,你多年的抗争将付诸东流。

要安慰自己困难总是会过去——你的斗争也会有尽头。孩子会长大——施虐者的理由也就失去了依据。或者更有可能的情形是,他会比我们想象得更早地投入其他女人的怀抱。

118.施虐者的孩子也会成为施虐者吗？

> "自恋型人格会遗传吗？我儿子长大后会不会成为他爸爸那样的人？"

当然会遗传！但不是因为孩子的爸爸把某种自恋的"病毒"传给了他。原理很简单：孩子在施虐的家庭环境中无法成长为心理健康的人。或者他会有严重的心理创伤，或者他会发展成为施虐者，几乎变得和爸爸一模一样，这也是常有的事。

我注意到，有些人认为施虐者的大脑有特殊的结构，施虐是刻在施虐者 DNA 里的：那就很不幸了，孩子生来就带着这种基因。事实果真如此吗？儿童心理学家布鲁斯·佩里在《登天之梯》一书中告诉我们，在充斥着暴力和虐待的家庭中，孩子在还是婴儿时，他的大脑就开始被塑造。因此，我再次强调，大脑"有缺陷"，不是由来自天堂的诅咒或自然界的错误造成的，而是由婴儿受到的精神创伤造成的自然后果。

在精神分析领域有一个"自恋王国"概念。在一个以家庭为单位形成的"自恋王国"中，有自恋的祖父、自恋的儿子等。但是，之所以出现这种链条，并不是因为某个家庭有遗传缺陷，而是因为自恋的祖父按照自己自恋的方式养育了自恋的儿子，而这个儿子也在同样的家庭氛围中养育了他的孩子。因此，这个王国得以代代维系……

第 4 部分
离开吧！不要回头

我建议你不要让孩子处在有毒的环境中，如果你的家庭已经存在这种情况，要尽早将孩子从那里带走。你有权决定自己如何生活，但是你的孩子难道就应该有自卑、"无端"的抑郁、挥之不去的轻生念头、一大堆心身疾病、成瘾、自我憎恨、完美主义、情感麻木、无法建立正常关系的未来？……

这就是你不能让自己的孩子在以断绝关系、责骂、操控为常态的家庭中长大的原因。这种家庭往往是培养未来的施虐者或严重心理创伤者，以及心理治疗师和精神病医生未来的病人的"学校"。

你们经常问我："如何才能不让孩子成为施虐者？"我想引用讽刺小说《狗心》中普列奥布拉任斯基教授说的话回答这个问题："爱抚，这是对待生命的唯一方式。"也就是说，解决这个问题的办法简单而又复杂：孩子需要被爱。

不幸的是，许多人将爱与纵容、崇拜、"家庭偶像"式的养育方式混为一谈，但是这与真正的父母之爱毫无关系。正确的爱是尊重孩子的个性，帮助孩子发现和发展个性。

你要身体力行地做个好榜样。当孩子看到父母之间温暖的关系时，他们会学习这种模式，并以此作为自己未来人生的标准。这就是孩子不应该在施虐的家庭中长大的原因。

119. 虽然他是个糟糕的丈夫，却是个好爸爸

> "虽然他是个糟糕的丈夫，却是个好爸爸！他很喜欢我们的孩子，孩子也离不开他。我怎么忍心让他们分开呢？还是忍着吧……"

糟糕的丈夫不可能成为好爸爸，毕竟好爸爸不是用心甘情愿陪孩子玩三个小时或者喂孩子吃冰激凌衡量的！

这是自恋的爸爸常有的行为：

⊙ "占有"孩子，让孩子成为自恋的延伸。毕竟孩子是最有依赖性、最有可塑性的受害者。孩子完全在父母的控制之下，他渴望得到父母的爱和认可，而且他"无处可逃"。对施虐者来说，这是完美的施虐对象！

⊙ 利用孩子赢得他人的钦佩。可爱的、"时尚的""成功的"孩子是施虐者拿来炫耀的工具，可以让他志得意满，获得自恋资源。这样的爸爸会把孩子的生活和自己的生活融为一体，把孩子的成功想象成他自己的成功。

这就是为什么自恋的父母只想要"可爱的"孩子，而无视"不可爱的"孩子。这就是为什么在自恋的父母生出"更好的孩子"后，会很容易把前一个孩子排除在他们的生活之外。

第 4 部分
离开吧！不要回头

⊙利用孩子树立自己"超人"爸爸的形象,以便拿来炫耀。他带着礼物去医院看望孩子,待了五分钟,拍了很多照片并立即发到朋友圈——然后坐下来享受他人的点赞和评论。

⊙把孩子作为控制和伤害你,并强迫你"听话"的工具。

孩子"离不开他"——这同样是情感依赖,就像你依赖施虐者一样,只是这种依赖更加强烈。如果孩子的情绪整天就像坐过山车一样起伏,他怎么能不"崇拜"他的爸爸:要么爸爸带孩子去游乐园,给他最快乐的一天;要么大骂孩子写字难看,使他一个星期都不想写字。请注意,这都会让孩子对爸爸产生依赖!成年人可以摆脱生活中的虐待,但孩子无处可去,不得不适应这种生活。在这样的环境中(囚禁、集中营……有毒的家庭),孩子会发展出糟糕的斯德哥尔摩综合征。

这就是为什么孩子会"依附"于自恋的爸爸,认为爸爸是世界上最好的爸爸,而妈妈是"铁石心肠的女人"[1]——也就是说,孩子和大人一样,会拼命吸引和"赢得"施虐者的关注!这就是孩子的"崇拜"!

总之,在施虐者的生活中,孩子和其他人一样,都是他拿来讨价还价的筹码。

---

[1] 在高尔基的剧本《瓦萨·热列兹诺娃》中,女主人公瓦萨·热列兹诺娃的女儿柳达称呼残酷、冷血的妈妈为"铁石心肠的女人"。——作者注

120. 忍不了，又回到了他身边

> "我离开了他，但是我只坚持了三个月。我几乎无法控制不打电话给他，并且暗暗等待他给我发信息，虽然我羞于承认，也刻意忽略这个想法。我为自己缺乏意志力、依赖性如此强烈而感到羞愧。
>
> 于是他一打电话给我，我就回到了他身边。刚开始的第一个星期，我们过得很开心，现在他又回到了以前的状态。我怎么会如此天真且轻信他呢？为什么我会被他说服呢？我是不是永远无法摆脱这种状况？我不由自主地想回到他身边。我该怎么办？"

首先，停止指责和羞辱自己。你认为受害者在第一次想离开施虐者时就能彻底离开吗？不，这样的受害者很少，只有积累了一定的生活经验、有健康的自我评价、了解什么是施虐的受害者，才可以做到。

请记住：无论如何，你迟早会与施虐者分手。当你跌入谷底时——对你来说绝对无法忍受的事情发生时，就是你彻底离开他的时候。

或者不用等到跌入谷底，你只要忍住不主动联系他，或者面对他的藕断丝连，能够直接抵制就可以了。

第 4 部分
离开吧！不要回头

也可以等到他丢弃[①]你，这是更糟糕的选择，因为到了这个阶段，受害者的人格通常受到了非常严重的伤害，生活也已经被毁了。

简而言之，无论如何你们都会分手。当然，长痛不如短痛，毕竟留在施虐关系中，你会失去生命中宝贵的每一天、每一月、每一年，而且还会加剧你个人、财务、事业等方面的问题。你甚至失去了健康，常常被诊断出重病。同时，你成为施虐者家暴对象的风险也会增加。

但是……请原谅自己——不要为自己的"愚蠢"和软弱而自责。你并不孤单，相信自己最后一定能浴火重生！

---

① 丢弃——破坏性情景的一个阶段，即施虐者最后抛弃了"被榨干"的受害者。我在《恐惧吧！我与你同行》一书中谈到了这个阶段。——作者注

121. 我想和他复合

> "我怎样做才能让自恋者再次与我复合呢?也许我应该多给他发信息或打电话,时间长了他就会相信我的爱,相信没有人像我这样爱他,然后回到我的身边。是这样吗?"

恰恰相反!这里的逻辑是,自恋者会逃避那些对他紧追不舍的人,却对抛弃他的人念念不忘。

我的一位读者创造性地使用了"用爱拿下自恋者"的方法,但不是为了让他回心转意,而是为了赶走他。与自恋者分手后,她厌倦了他的各种藕断丝连招数,开始主动对他使用反藕断丝连的招数。她给他发信息、打电话,不断告诉他,她想他、爱他、会等他。自恋者哼了一声,不屑一顾,有时说自己永远不会再回到她身边,但是……自此以后他再也没有主动联系过她。

毕竟,对于自恋者来说,藕断丝连的意义就在于,他放弃了你这个"食槽",但是要确保你这个"食槽"里还有给他吃的食物。如果你一直不理会他,他会由于失去对你这个"食槽"的控制而惊慌失措,他会试图找回"食槽",重新控制你,这样就可以随时有东西吃,而不是等你恩赐给他食物吃。

因此,自恋者花样百出的藕断丝连招数,是对他已经盖上盖的"食槽"发起的攻击——对许多受害者来说,这可能是难以忍受的。

第 4 部分
离开吧！不要回头

这也很可能会导致受害者在自恋者发起某次藕断丝连的攻击时"破防"。但是……之后受害者通常会惊讶地发现，得逞的自恋者"莫名其妙"地消失了……直到他再次发起藕断丝连的攻击。

在我们的案例中，读者采用"预防性"的反藕断丝连招数，反而使自恋者确信，她仍然处在他的控制之下，他可以随时把她"拿下"。他觉得她还是自己的囊中物，开始越来越少地出现在她的生活中……事实也证明确实是这样的。

122. 我无法不再爱他

> "我们已经分手三个星期了,但是有时我心中会涌起强烈的遗憾和爱意……昨天我拨通了他的电话,但是我及时挂断了。我怎样才能不再爱他呢?"

在这种情况下,许多人都会产生"在雪地里赤脚追赶他"的冲动。遗憾、倾诉欲、内疚、怀疑在折磨着你,更重要的是——对你来说很重要的关系破裂了。对我们的生活造成严重的损害中,重要的关系破裂或离婚排在了第二位——仅次于亲人死亡。也就是说,这是让你非常悲痛的事情,你必须正确地面对,要想挺过去必定会脱层皮。这也是我在三部曲的第三部《废墟重建》中写到的内容。

除了经受悲痛,你还承受着对施虐者强烈的情感依赖。摆脱依赖需要时间。"100天原则"能够很好地帮助你度过这段让自己悲痛的岁月——与施虐者完全断绝联系100天。当然,以后也没必要联系。为了让自己"清醒",前三四个月一定要和施虐者断绝联系。与戒除酒瘾和毒瘾差不多,你需要戒掉情感依赖。

如何度过这段时期呢?

⊙试着去哭。不幸的是,许多人甚至负担不起这种奢侈品,因为她们害怕引起亲朋好友的追问,或者害怕顶着浮肿的脸去上班。

第 4 部分
离开吧！不要回头

如果你害怕自己的生活完全暴露在他人面前，而你又忍不住掉眼泪，告诉你一个小技巧：将流泪"合理化"，把这些糟心的事情"附加"到另一件事情上，比如看一部感人的电影。

⊙尽可能给自己安排假期。总之，难过的时候就不要工作了。离开"一到两个星期"，你可以在今天的你——痛苦的你，和明天的你——离开施虐者并获得自由的你之间，建一个象征性的分水岭。离开的时候给自己定一个目标：回来的时候已经不爱他了[①]。

⊙服药（看医生），但是不要依赖醉酒。毕竟你打给施虐者的99%的电话都是在"醉酒状态"下拨出去的，第二天早上你会很尴尬。

然而，摆脱或缓解情感依赖，并不意味着在自己的灵魂深处停止与施虐者对话。你可以草草地"埋葬"情感依赖——在没有完全消除自己的痛苦之前强行"忘记"它。你看起来似乎恢复状态，但是未解决的问题会以其他方式"复活"，而且很可能更加严重。

为了不再爱施虐者，并最终从他给你的生活造成的影响中解脱出来，最好采取循序渐进的方式消除你的疑虑、恐惧和内疚——消除让你陷入共同依赖关系的所有负面情绪。这意味着你要深入了解自己，找到自己灵魂中的黑暗之处，理解自己，爱自己。

你要走的路还很长，但是恢复之路也充满乐趣。这是重新评估自

[①] 顺便说一下，我的许多读者在2020年春天强制隔离期间，成功地与施虐者分手了。由于新冠病毒大流行，她们忍受了在"安全时期"无法忍受的分离。——作者注

己的价值、成长、打开格局之路……最终你会给自己创造一个全新的世界,在这个世界中你学会了爱自己……而不是爱那些伤害过你的人,你能及时把伤害过你的人从你的生活中踢出去。

123. 我无法忘记我们之间的美好时刻

> "我六个月前就离开了他。毫无疑问,他是施虐者。他就是!但是我经常想起我们度过的那些美好时光……毕竟美好的时刻确实存在过,我无法控制自己不去想!不怀疑自己、不怀疑自己的决定太难了……"

"他真是这样的人吗?"我的意思是,他真的这么好吗?还是说这只是你紧抓着他不放而产生的幻觉?我这样说没有任何责备你的意思:人在面临痛苦时,会经历一个"讨价还价"的阶段,此时你会在内心权衡自己所处状况的利弊。经历这个阶段,是为了让自己的心理随着时间的推移适应变化的环境。你必须忍受周而复始的自我怀疑——相信自己的身心恢复需要一个自然的过程——就像感冒发热一样,病好后一切都回归正常。

现在思考一下:你在怀念什么?是在怀念他对你的爱吗?他对你的爱并不存在……毕竟了解施虐者持有的价值观后,你可能会意识到那不是爱,而是他自己"理想化的爱"或糖衣炮弹,是欺骗和操控。

不再相信并揭穿这种伪善,可能需要一个漫长的过程。你要接受变化后的世界,重新思考自己的感情(不仅是与施虐者的关系,还有你的整个人生经历），要以全新的眼光看待世界和感情——这不仅需要时间，还需要一定的勇气，要对自己诚实，要有改变自己的生活并使自己的生活更美好的欲望。

如果你想过上更好的生活，就需要一步一步地走过这条充满荆棘的道路。随着时间的推移，你会接受自己的过去——没有遗憾，没有幻想，不再怀念本来就不存在的"美好"。

在剥离对施虐者的"爱"时，不应该贬低自己对他的情感，毕竟你曾经真诚地爱过他。不要责备自己的愚蠢和天真。"原谅"自己的"过错"，不要为自己"很傻、很天真"感到羞耻。毕竟不论过去还是现在，你还是你——你曾经爱过、正在爱或者试图爱上的自己。

124.怎样做才能让他痛苦?

> "我曾经非常恨他,现在我想通了,我想让他得到报应。报复这样的人的最好办法是什么?他们最怕什么?"

我要告诉你:我很理解你的愤怒。每个人都会经历强烈地憎恨施虐者的阶段,这是恢复的必要过程。没有必要摒弃憎恨,憎恨可以"净化"心灵——就像感冒发高热是我们的免疫力战胜致病微生物的过程。

然而,我们需要合理地度过憎恨阶段(详见第128节"分手后我还恨他,该如何挺过去"的回复)。复仇没有任何意义。我想告诉你一个"理论",以此让你说服自己。

自恋者的人格是虚假的自我,他的形象(聪明、有才华、成功人士、优秀的儿子和爸爸、完美的爱人等)是被捏造出来的。他千方百计在他人眼中保持这种形象。这样,他人反过来又会把他的"完美形象"反馈给他。

自恋者会隐约猜到(甚至完全意识到)自己的形象是被捏造出来的,他会惊恐地发觉自己可能会"暴露"。一想到这一点,他就会被自恋性羞耻所笼罩,这让他瞬间进入一种虚无的状态,认为自己一无是处,是最糟糕的人。因此,自恋者的恐惧是对"不足"的恐惧,对自恋性羞耻的恐惧,以及对"暴露"的恐惧。

而且对自恋者来说，尽管自恋性羞耻令他非常痛苦，但是他已经习以为常。因此，无论你说什么，都不会让他羞愧到死。他会不断克服这种羞耻，正如之前无数次做的那样。你取得的"胜利"必然是短暂的。

反社会型人格障碍者也是这样，但是有一些细微的差别（对我们非专业人士来说，是否有区别并不重要）。总的来说，反社会型人格障碍者与自恋者一样，他们的人生充满了嫉妒、愤怒和空虚。

反社会型人格障碍者好像被包裹在阴郁的自鸣得意的"盔甲"中，想象自己几乎成了"人类"的神。这是反社会型人格障碍者的心理保护机制——全能控制。对于反社会型人格障碍者来说，为了感受自己的"伟大"，重要的是他需要知道一切都会按照自己想要的方式发展，别人完全处在他的控制之下——因此你的复仇不会对他构成威胁。

在特别病态的情况下，反社会型人格障碍者对全能控制的渴求会使他走上谋杀之路。正如美国杀人狂魔泰德·邦迪所说，杀死受害者，是对受害者完全和最大限度的占有。

因此，当反社会型人格障碍者遇到阻力时，会觉得天塌地陷，失去了自己赖以生存的土壤。因此他会无所不用其极地重新获得控制权。

此外，反社会型人格障碍者的恐惧是对散失全能控制的恐惧。当然，这也是自恋者的恐惧，他们身上有很多反社会基因。这就是为什么我专门与你们讨论这个"理论"。在现实生活中，任何自恋者都有这两种恐惧。

重要提示： 自恋者在羞愧和失去对受害者控制的情况下，会产生强烈的恐慌和愤怒情绪。因此,你不应该利用这些知识激怒自恋者,这太危险了。如果你让他陷入非常痛苦的境地,他的自恋性羞耻会爆发,甚至发展成为愤怒,这种愤怒有时无法控制,到时候一切皆有可能发生……

但有时自恋者的反应也会延迟:他的仇恨和复仇计划可能会在他的灵魂中沸腾数月或数年之久。

最好的复仇(不是真正复仇),是永远离开他,让自己的身心恢复正常,快乐地生活。

125. 身边的人不停地念叨他

> "我们已经分手,我不想再听到有关他的消息,但是我的朋友和熟人突然都开始谈论他。他的一个普通朋友给我发了一条充满同情意味的信息,并试图了解我们之间发生了什么,为什么我这么坚决地不再跟他沟通。
>
> "而我的一位朋友告诉我,最近他们在街上相遇了,他告诉我的这位朋友,他伤害了我,并且深感抱歉。我的这位朋友还暗示我说:'原谅他吧,他知道错了,想要改过自新。'
>
> "这是什么意思?他想与我复合吗?为什么他不直接来找我?"

周围的人积极劝和,意味着施虐者动用了被称为"飞猴"的群体。他身边和你身边的劝和大军"飞猴",是他训练出来用以控制、贬低、欺负、挽回你的一群人。当施虐者无法激发你的一些情感——增强你的内疚感,激起你的怀疑,煽动你的嫉妒情绪,让你敏锐地意识到自己"不完美",让你沉浸在对他的感情和可能复合的幻想中时,他才需要动用"飞猴"引导你。

"飞猴"这样做是为了激起受害者的希望,动摇受害者的疑虑和恐惧之心。你们分手已经有一段时间,你或多或少恢复了理智,但这时朋友带来了"喜讯"——你的脑海中又开始打架,心理再次失衡。

朋友在不知不觉中引发了你身体中不必要的、有害的反射。你会

第 4 部分
离开吧！不要回头

听到自己的朋友说："如果他能悔改，他就是不那么坏的人……你应该看到了他眼中难以言喻的悲伤……无论如何，人是会变的……我们都要学会原谅……"

于是，你再次拿起很久以前检查过并已"存放起来"的东西，重新审视，甚至会在某个时刻拨通他的电话……

他对你打来电话会有什么反应呢？我想他要么非常高兴地给你灌"迷魂汤"，要么不理你，要么冷淡地说他不再需要你，跟别人在一起非常开心。你会觉得自己非常愚蠢，而这正是他想要的结果。

为什么他不直接告诉你他的悔意，而是对着你的朋友叹气？因为他在耍阴招。他会觉得玩弄你和你的朋友非常有趣，可以让你苦思冥想他说的话的几百个含义，并给自己建起"空中堡垒"。

如果你不给他打电话，他就会在下一次见到你的朋友时"装可怜"。水滴石穿，累积效应早晚会发挥作用，你会主动做他想让你做的事。

那么，我们来总结一下"飞猴"在其中起到了哪些作用。

⊙会问你和他（施虐者）之间发生了什么。

⊙会说服你不要太苛刻，认为他没有那么坏。

⊙让你有些人性，因为他现在非常痛苦，铁石心肠的人看到他的样子也会大哭。

⊙定期向你通报他的近况——即使你不愿意听，或者朋友"无意"告诉你。例如，给你发你们俩以前的照片，或者他与别的女人的照片，让你心情沮丧好几天。

⊙以"我们很久没聚了"为幌子骗你去见他。如果你一再坚持拒绝见他,"飞猴"甚至可能向你承诺,他不会在那里。也就是说,"飞猴"将一切都安排得井井有条,并告知你,他真的不想再与你复合。

更隐蔽的方式是诱你进入陷阱。"到我那里喝杯茶",伊达利娅·波列季卡(普希金的追求者)对娜塔丽娅·普希金娜(普希金的妻子)说。娜塔丽娅去了之后才发现自己要与丹特士(娜塔丽娅的追求者)独处,丹特士决心在当晚成为娜塔丽娅的情人。但是娜塔丽娅奇迹般地从她的"仰慕者"手中逃脱了[1]。

"飞猴"的出现可以被看做是施虐者实施的藕断丝连手段。因此:

⊙不要告诉"飞猴"你的情况和感受。无论你是否有意识地提供了自己的信息,最终你都会继续与施虐者沟通。

⊙如果"飞猴"向你报告施虐者的一举一动——你可以明确地对他们说,你并不感兴趣。一个正常人,即使他不知不觉成为施虐者的"飞猴",也不会用不必要的信息打扰你。而有毒的"飞猴"会继续这样做。你可以暂时或永远中断与"飞猴"交流。

"飞猴"是否意识到自己在施虐者的游戏中扮演了某种角色?一般情况下,他们根本想不到自己是施虐者手中的棋子,天真地以为是在帮助受苦的人找回爱人,帮助吵架的朋友和解,帮忙传递安慰的

---

[1] 由于丹特士对普希金的妻子穷追不舍,普希金下战书与丹特士决斗,一代大诗人在决斗中被杀死。——译者注

话，或者惩罚有不正当行为的人。

但是，也有一些人大概明白"飞猴"在做什么，但是他们和施虐者本质上是一样的，他们心甘情愿地加入这个游戏，因为这样做"有趣""好玩"，他们认为侵犯别人（即你）的界限是正常的。

126.我离开了他,但是他把悔过书发到了互联网上

"……他在互联网上发帖描述了他为我所受的苦,以及他有多爱我,还说如果我回到他身边,我们一定很幸福。他还每天在互联网上发布我和孩子们的照片。

"帖子发布后,到访的人几乎都点赞。每个人都称赞他是好爸爸、好丈夫,并安慰他说,我会考虑清楚的,不想失去像他这么好的人……

"事情到了这个地步,我的一位最好的女性朋友——她完全清楚他对我施虐的情况,暗示性地问我是否要原谅他,是否还会回到他身边,毕竟如果他能忏悔,就说明他并不是不可救药……

"我感觉自己被这种局面困住了。他对我耍如此阴险的花招,完全解除了我的武装……如果我现在向别人揭穿他的真面目,会显得我不识好歹。我该怎样对抗他?"

这是施虐者不择手段的无耻之举。而且很显然,这不是他第一次这样做,他完全知道如何操作。

他没有等你告诉别人你的分手方式,而是自己"先入为主"地"框定"了方式。他在互联网上安排一场"精神脱衣舞"的同时,还做了以下几件事:

第4部分
离开吧！不要回头

⊙创造了环境侵略。这些给帖子点赞的人坚定地站在了他身后，虽然目前这些人并没有招惹你，但是他们随时可能会在他的唆使下开始欺负你，而且他们完全没有意识到自己跌入了一个陷阱。

⊙为自己打造了豪华粉丝团。粉丝团的支持极大地丰富了他的自恋资源。看看他从别人那里得到了多少赞美、安慰和支持，他的虚假自我——此刻是不快乐的被抛弃的丈夫、悲伤不可抑制的受害者以及爱妻子和孩子的丈夫。以离婚博取同情的做法，是假装卑微的自恋者采取的典型策略！

⊙给自己的"后宫"重新排了座次。在这些粉丝中，我完全可以分辨出最容易受骗、最富有同情心、最容易自我合理化、最容易接受暗示的人。他们中的一些人最终可能与你的"前任"成为"普通朋友"，甚至取代你成为新的受害者。

⊙试图孤立你，甚至在最忠于你的人群中制造迷雾。正如你看到的，他已经通过"衷心地忏悔"蒙蔽了你的闺密。你的闺密也相信他，或者至少想知道你做得对不对。

⊙他非常喜欢看自己周围人的所有"动作"。自恋者喜欢把自己编造的剧情公之于众，这并不是巧合。他得到的奖励：在幕后恶意嘲笑上当受骗的粉丝和安慰者。

你应该怎么做呢？继续相信自己，做自己一直在做的事情。绝不要参与讨论，不要自证清白，也不要试图"向别人揭穿他的真面目"。让粉丝团想怎么讨论，就怎么讨论。如果他没有从你这里得到反应，他迟早会偃旗息鼓，其他人也不会对同一个贴子不断点赞。

如果你感受到了来自亲近之人的压力，就与他们保持距离。时间会告诉你，是暂时不理他们，还是跟他们绝交。你的闺密有权决定她自己的思想，但是无权向你灌输使你产生内疚感的思想，也无权让你相信你做错了事，以及让你觉得自己太严厉。如果她是正常人，你只要求她不再提起自恋者就足够了。如果她是有毒的朋友，她只会不断地利用你厌恶的话题来打击你。

不要怀疑自己的决定。永远记住，你不是凭空作了这个决定，你有一万个理由这样做。愿你永远充满力量！

127.没有人理解我的痛苦

> "我发现,我身边的人不理解我的痛苦。他们要么否定我,要么告诉我,我陷入了消极状态。那些愿意听我说话的人,好像并不相信我,我可以从他们的眼神中看出这些。我身边人的这些行为让我觉得自己是一个歇斯底里、喜欢夸大痛苦、无事生非的人。怎样才能正确地告诉他们我是如何被施虐者伤害的?"

在与施虐者分手后,你通常会经历巨大的痛苦,觉得应该把痛苦说给别人听。但是你经常碰到的情况是:别人会摆出一副"无聊的表情",或者发出厌烦的叹息反问:"你陷在里面出不来了?""这件事情你要想多久?""你为什么总是在这种让自己消极的事情上纠结?""你是祥林嫂吗?"

但是,没有支持者和倾听者,还不是全部。他们试图"治疗"你,对心理学理论进行夸张和扭曲的解释,更多的做法是——直接或暗示性地指责你过于情绪化、不灵活、任性、自私、极端、天真、不切实际,或者不会处理人际关系,无法找到与人相处的方法……于是,你像是撞上了没办法理解你、不能与你共情、始终保持沉默的"墙",这堵"墙"还摆出一副同情你和"为你好"的面孔。

这个阶段的受害者往往很容易产生怀疑情绪,做事犹豫不决。他人任何不得体的行为都会激怒她,激起她情绪化("歇斯底里")的举动，甚至会把她推向施虐者的怀抱！

亲近之人不知不觉地"穿上白大褂"，这是导致受创伤的人痛苦的原因。这是迷信思维的一个变种，即人们相信只要行得正坐得端，在自己身上就不会发生不好的事情，如果发生了不好的事情，就是对自己做错事的"惩罚"。"穿上白大褂"的人从自己虚幻的完美的高度谴责他人，说些诸如"哎呀，你还是像以前一样，是吸渣体质！""你怎么就不能立即看出他是一个什么样的人呢？""为什么在我身上没有发生任何不好的事情，你却总是在玩冒险游戏？"之类的话。这些都加深了你的自卑。"大家都有个人样，你却……"，这又加剧了你对失败关系的愧疚。

那么，你该怎么做呢？以下是我的建议：

⊙一旦发现亲近之人贬低或不信任你，或者摆出居高临下的姿态，就不要再谈下去了。你去找其他朋友寻求支持，当然可以期望至少不会受到他们的指责和嘲笑，不会觉得自己很傻很天真……

⊙不要对亲近之人期望过高。"高质量"的共情不仅需要付出大量的脑力劳动，也是一项技能。当他们看到你哭泣时，他们感到无能为力，觉得需要鼓励你，"消除你的负面情绪"，但是可能又不知道如何与你相处。

此外，在这个阶段，你可能会向别人诉苦数个小时，而别人希望在支持你的同时，也不忘记自己的生活。正是你的"喋喋不休"，让身边的人拒绝听你诉苦。而且这可能需要一两天，甚至几星期或几个月！

因此，不要滥用身边人的资源，不要努力告诉他们你所经历的噩梦，不要再撞南墙。来互助小组或类似我的主题博客这样的地方寻求理解，我们会与你站在同一条战线上。

顺便说一下，在施虐关系结束后，往往会迎来"真相大白的时候"，这时你会清楚地认识到自己身边的人到底是什么样的。没有多少人知道如何正确地共情，有些人会攻击、调侃、指责你，或者从自认为"无比正确的父母"的立场出发，居高临下地建议你"向前看"……这里有一些例子：

⊙ "别抱怨了。不就是分手吗，有什么大不了的？奥斯维辛集中营里可怜的孩子们听到你的抱怨还不得气死？"

⊙ "你很刻薄，不善于原谅别人。"

⊙ "他已经一个星期没有打电话了？所以，恭喜你，你又一次破坏了与一个好男人修成正果的机会。你以为自己是公主，总是想获得特殊对待吗？"

⊙ "你不要把自己说成像死人一样，你看起来很好。那些真正受苦的人，一眼就能看出来。卡蒂亚抑郁的时候，把脸朝着墙躺了一个月，哪里都没去。你看看你，甚至还笑得出来。"

⊙ "你什么都有——丈夫、孩子、金钱、工作，有什么可难过的？你疯了吗？"

⊙ "N得了癌症，我知道她很痛苦。想想你那些破事，能跟她比吗？"

听到这些话后，你开始贬低自己，并避免自己再听到这样的话。

本来在这些听你诉苦的人面前,你可以表现出"脆弱"的一面,但是现在只能自己振作起来。我们认为,"我的情况没有那么糟糕,比其他人的境遇要好,这说明我没有权利'麻烦'任何人,我必须自己应对"。

重要的是,在这种情况下你要明白:如果你感觉很糟糕,就说明你确实处于艰难的境地,完全可以寻求支持或帮助。你不必等到事情变得更糟糕,或者等自己"足够"痛苦,才去寻求帮助。

128. 分手后我还恨他，该如何挺过去？

> "您经常说，应该把愤怒转化为和平，而不是报复施虐者。有建设性地处理愤怒是什么意思？"

这里的意思是你要体验所有将在你体内翻涌的情绪。这些情绪中没有哪个是"错误的"或让你感觉"可耻的"，但是也不要把怒气发泄在你周围的人身上。这并不是说你必须把负面情绪压抑在心里，冒着愤怒爆发而无法收场的风险。我的一些读者采取的方式是：参与"枕头大战"或者报名参加格斗班的课程，另一些读者则找个僻静的地方大声喊叫……我的建议如下：

⊙写（或讲）出自己的故事会产生很好的安抚效果。这样做往往会触发自己内心"自我净化"的程序。把情绪通过书写倾泻而出，仿佛把它从你身体中赶走。通过书写倾诉的事实，会让你顿悟，使你最终能够"完成调查"和"归档"。

经常有人问我："如何写好一个故事？故事应该写多长？"答案很简单。故事的长度要能把"主题讲完"。应该怎样写呢？随心而写。如果你不知道从哪里开始写起，可以把我的书《恐惧吧！我与你同行》作为参考，描述自己所经历的破坏性关系的各个阶段：探索、诱惑、试探、泼冷水、拧螺丝、榨汁机、丢弃……

你还可以从我的博客 tanja-tank.livejournal.com 上选一个自己喜欢的故事，并以其为范例写下自己的故事。

但是，即使每个人都想写故事，也不一定能立即写出来。有些读者向我承诺这一两天就把故事发给我，但是一两年后才写好。我认为这样做是正确的。你不需要强迫自己。如果没有写出来，那就是时机不到。如果无法忍受写作的痛苦——我建议推迟几天，然后再尝试回来继续写。

可以给谁看这个故事呢？你可以只为自己而写，也可以把它给你最亲近的人看，但是不要指望能得到自己所期望的那种理解。最可靠的方法是在有人听你倾诉的地方，诸如互联网上的主题社区，或者你不必证明自己没有"无中生有"、没有"嚼舌根"的地方，倾诉自己的心事。

五年多的时间里，我从你们那里收到了数百个故事。其中许多人的故事，已经匿名发布在了我的《生活杂志》博客上。有些自白书仍然隐匿在"幕后"——应其作者的要求。你可以把自己的故事发到我的邮箱 tatkokina@yandex.ru，可以先起个化名，也可以稍稍更改相关细节。

⊙在创作过程中喊出自己的痛苦。例如，我在极其愤怒的人生时期写了《恐惧吧！我与你同行》的第一版。它治愈了我，也帮助了你们中的许多人。

第 4 部分
离开吧！不要回头

你们经常给我寄来诗，诉说自己不幸的爱情。你们中的一些人为自己而写，另一些人把写的诗发在了互联网上。我知道至少有两个人在经历施虐关系后成了网络诗人，有了自己的粉丝。

写诗（我们姑且称之为诗歌）是让自己度过创伤期、摆脱困境的一个好办法，特别是在经历自己的第一个困难阶段时。我在13-15岁遭受虐待时，就开始写韵律诗。

朋友们，不论你是把"眼泪"和"玫瑰"押韵，还是创作了"亲爱的，我对你做了什么？"或"我不要求你爱我"这样的杰作，都不重要。最重要的是，你治愈了自己！原因如下：

⊙ 创作诗歌有一种类似于写故事的心理治疗效果。如果写故事对你来说比较困难（例如，你没有心力写完整个故事，或者某些时候你只要想想就觉得痛苦），那么你在创作诗歌时，就给了自己一个机会，"泣诉"自己现在想说的话。

⊙ 创作诗歌满足了你继续与施虐者对话的需求。与施虐者刚分手后会非常痛苦，那些你不知道且无法得到答案的问题，皆可倾注于笔下……你"后续的话"是毫无芥蒂地呼喊出来的……把一切都写在纸上吧！这是最有建设性地消解愤怒的方式！

你想往"怪胎"的车上泼脏水吗？你能勉强控制住自己不给他幸福的现女友发信息吗？坐到书桌前吧！正如鲍里斯·帕斯捷尔纳克所写的那样，"拿出墨水准备哭"。

通过诗歌描述这一切！用你喜欢的任何方式对他、她、每个人表达！以任何你喜欢的方式"模拟"施虐者的行为。愤怒地谴责他，诅咒他，让他上气不接下气，或者跪在你面前哭泣。你可以随心所欲地描画出各种情况和对话，从而在不伤害自己和他人的情况下发泄自己的怒火。

"当爱情消失时，蓝调布鲁斯响起了"——谢尔盖·奇格拉科夫唱道。更有趣的是：当精神上的痛苦消失时，诗歌创作也就结束了。我在19岁从施虐关系中走出来后，就没有写诗的灵感了。写散文则是另一回事……

129.互助小组都不理解我

> "我似乎没有违反任何规则,却被禁止参加互助小组。我写信给管理员,也没有获得答复。他们为什么要这样对我?"

我经常听到对有毒的互助小组的抱怨。你是怎么知道自己加入了这样的互助小组的?我的主要衡量标准是,在这个小组中,你是否像在施虐关系中一样,觉得自己是在参加考试,"如履薄冰",不敢"吱声","问的都是愚蠢的问题"。

你的心始终悬着:如果他们明天把你赶出小组该怎么办?你发现自己害怕"得罪"管理员,开始讨好他,并且因不明白一些事情而感到内疚。

在我看来,不事先向用户发出警告就将其禁言,就是有毒的互助小组,除非针对的是明显的喷子式的发言。可以这样写警告信息:用户某某,你违反了社区的规则,如果多次违反,则会被踢出小组。如果某个用户继续我行我素,可以将他禁言。他可能会不满,但是他知道自己为什么被禁言。

我也不喜欢管理员粗鲁或冷漠的回答,尤其是对新加入互助小组的人。新人经常会"问一些愚蠢的问题",通常他们得到的答复是:"学点基本常识吧","你先用谷歌搜索一下行不行?"

是的,那些"老油条"什么都明白,但是刚被泼过冷水的人,或者一个小时前才了解到施虐关系的人，还什么都不知道！而我们也曾是"新人"，像无头的苍蝇一样四处乱撞，寻找信息和获得同情。

你还什么都没说，就被禁言或者被告知要"学习基本常识"，是种什么感觉？如果你担任互助小组的管理员，就一定要记住自己曾经受到过伤害，并学会了管理自己的情绪，即使你不喜欢其中的一个成员。

所以，我会离开让自己感到不舒服、规则让自己难堪的小组。例如，我们在VKontakte①上的互助小组"反常的自恋者"的一些成员想讨论受害者的"内疚感"。谢天谢地，没有当着我的面讨论。据我所知，他们正在建立按他们自己的规则沟通的小组。谁想"彻底原谅"和"改变立场"——请移步那里。这么做在我看来没有错。

同时，不要由于自己在那里感觉不舒服、"被重塑"，就认为互助小组有毒。如果你不喜欢这个小组的规则和氛围——认为你们观点不和，那就离开这里，寻找一个适合自己的小组。

说到有毒的互助小组，就不得不提那些有毒的成员的行为。有些人坚持不懈地破坏小组的规则，向管理员证明自己才是对的。为什么？有规则就要遵守，不想遵守就退出。

还有一些人在从痛苦中恢复过来后，就攻击那些刚刚与施虐者分手的人，忘记了"新受害者"的神经处于紧张状态，即使是表达支持的观点也需要再三斟酌。因此，如果一些成员的行为对小组有害，管理员在发出警告后就会顺理成章地将他们踢出小组。

---

① 俄罗斯及独联体国家最大的社交网站。——译者注

130. 我经常在内心与他对话

> "好不容易逃离施虐者，到现在已经一个月了，但是我无法把他从我的内心清除，仿佛我一直在与他对话……有时甚至会大声说出来！这正常吗？什么时候才能结束？"

在内心与施虐者对话是康复道路上一个非常正常的阶段。我读过成千上万个读者的故事，每个人都有过与施虐者的所谓对话。在我看来，有这种反应再正常不过。

在内心与施虐者对话，是你的心理抛给你的一个选择，以便你能够恢复如初并继续生活。这些对话中倾注了你所有的痛苦，也提出了所有在施虐关系中没有获得答案的问题。直到某个时刻我们发现……自己开始放手，于是，内心的对话变得越来越少……直到最后，对话完全停止。

重要的是不要"禁止"自己与施虐者这种内心的交流，不要被吓到，不要认为这是近乎疯狂的痴迷现象。一切都会过去，就像某个命理师说的那样："悲伤总有烟消云散的一天。"

相比较而言，如果你想"把不好的想法赶出大脑"，就会更危险。我们的心灵充满智慧。如果你没有正确、及时地止损，未消解和"埋藏"的情绪通常会在几个月或几年后将你吞噬……

131. 我疯狂地想他，是不是他在远程操控我？

> "我们已经分手一个月了，但是我的脑子里一直有他的身影。这只是我的回忆，还是他在远程操控我，试图伤害我？"

我确信这是回忆，而不是"能量连接"。在分手后的前几个月里，你对受虐经历的回忆会很强烈！这是正常的，也是自然的。你的心理正在修复创伤，需要一段时间才能"抹平"经历过的事情。但是终有一天，你会越来越少地想起他。

回忆会莫名其妙地蹦出来，这种情况确实会发生，或者说，你会经常梦到这个人。不要急于寻找这种现象的神秘意义，一切都有"世俗"的解释。

以文学作品为例。在言情小说中，"心有灵犀一点通"的情节经常出现。我们想想《简·爱》中的女主人公简·爱，她听到罗切斯特先生隔空传来的声音，第二天就跑去找他了。

在某个时刻，维亚切斯拉夫·希什科夫的作品《乌格列姆河》中的普罗霍尔·格罗莫夫也被回忆所困扰。

"他的心被吸引到身在黑暗的泰加林区的她身上。他不知道为什么会这样。也许是为了杀死安菲萨，也许是为了永远与她融为一体。

"并非一无所获，也不是'从此过上了幸福生活'，他的思绪闪

第4部分
离开吧！不要回头

烁不定：安菲萨日夜思念着他。安菲萨坐在命运的岸边，把她被偷走的猩红的、血淋淋的心脏碎片扔进命运的海洋。而且她一团又一团、一波又一波的思绪迅速奔向莫斯科，根据一些隐蔽的规律，走向他，走向莫斯科河岸边，直接走进他心里。

"当一波一波的浪潮涌入普罗霍尔的内心时，他抽搐着，再次压抑着自己的思绪。这种思念不可抗拒地把他引向泰加林，引向安菲萨。他不知道：也许他想杀死安菲萨，也许他想与她永远融为一体。"

非常美丽和充满诗意的文字，但是……这都是可以解释的，没有任何超自然的玄幻色彩。这不是安菲萨对普罗霍尔施的"巫术"，也不是她血淋淋的心脏碎片追逐着他回忆的浪潮，而是他自己的直觉——准备与尼娜结婚，但是他却犯了不可弥补的错误。摆脱不掉的对安菲萨的思念，只是他与自己的灵魂激烈地碰撞的结果。

这与《简·爱》中的情节是一样的。是的，简与罗切斯特先生算是永远分道扬镳了，但是显然在她的灵魂深处仍然有模糊的希望——可能是无意识的——与他重聚。因此，正是在艰难的选择时刻（当她几乎同意嫁给圣约翰时），她听到了来自天堂的制止之声。事实上，这是简内心深处的呐喊。不是罗切斯特在召唤她——她突然"允许"自己回应想象中的召唤。

读者讲述的故事似乎无法从逻辑上理解。这里需要解释的是，这个女人做了一个梦，好像是接到了被她抛弃的施虐者给她打的电话，醒来后，她真的看到了他的三个未接电话！是不是很神秘呢？

其实并不神秘。如果你与施虐者分手过，就会知道他不会放过你。也许这个施虐者在之前你尝试离开他时给你打过电话。你的内心在"等待"他的电话,就像提前知道他会打电话过来一样。这有什么奇怪的呢?

对"远程操控"的恐惧是迷信思维的表现——你认为施虐者有超能力,可以"连接"你,控制你的思想和梦境。事实上,即使与他分开,你仍然在情感上与他保持联系,生活在焦虑和恐惧中,你用面对施虐者的"强势"的无能为力,来解释你不允许自己成为生活的主人。

132.我要等他求婚后，再甩了他

"在我们认识三个月并同居后，我才知道他已经结婚。但是他又离婚了。在离婚之前和之后，他都跑去找他的前妻——他想让她回到自己身边。我想这是由于离婚对他来说很艰难，他很善良、沉稳。

"最后我们又在一起了……但是我后来发现他还与他的一个年轻女同事有染。有一天，他突然离开我去找他的那个女同事，尽管在他离开的前两天，我们还在讨论婚礼费用和场地选择的问题！

"他与他的女同事租了一间公寓，还把照片发了出来。半年后，他开始给我打电话和发短信，回忆我们美好的过去。但是这根本没有触动我。我想疯狂地报复他。我想让他离开那个女孩，向我求婚。然后我再拒绝他，让他陷入窘境。我的计划是先向他抛出诱饵，诱骗他上钩，然后甩了他……"

你想制订计划报复施虐者，认为自己一定能赢他！你想算准时机给对方泼冷水，然后对着他那张由于惊讶而拉长的脸笑出声来！

但是在99%的情况下，不是你，而是他，提前一步退出游戏。而且你会感到比以前更加受辱。很少有人能在经历痛苦的惨败后，从"被操控"反转为"操控对方"。

为什么你常常不能将自己的计划——引诱并甩掉对方——贯彻到底呢？因为复合、理想化和糖衣炮弹是你期待已久的，你不再满足于"美好的瞬间"，想要"延长陶醉的时间"。这就是你迟迟没有退出游戏的原因……你等着"股票上涨"，结果却等来了"股市崩盘"。

回到施虐者身边是危险的做法！你会被引诱，被煤气灯效应操控，同情心泛滥，内疚感爆棚……很快，你就会对这种情绪上瘾！你得到的不是爱情，而是一连串的操控，然后他转身投入别人的怀抱；或者他会增加用以操控你的毒素的"剂量"，或者运用不同组合的操控手段……

你想被他求婚——实际上什么也得不到。虽然你们已经讨论过结婚的事情，但是这并不能阻止他迅速与别人同居。这次又有什么不一样呢？他还是会讨论结婚的事情，但是不会向你求婚。当你等着在"最高点抛售股票"时，他却在给你挖坑。

或者他会向你求婚，然后在求婚的当晚甩掉你。我知道不少这样的故事。"幸福的"准新娘甚至没高兴几个小时……

而且即使你真的按计划甩了他，也不意味着能让他心碎。他会很快恢复。不仅如此，他还会把自己的这个遭遇讲给其他受害者听，并获得她们的同情——没心肝的前女友玷污了他的灵魂，从此以后他不再相信女人……

你说自己不在意施虐者，但这只是你的臆想，并不是真正的感受。如果真的不在意他——你就过自己的日子，不要再筹划所谓的报复。这也是报复他的最好方式……不再寻求报复。

133.是不是我成功击碎了他的自尊?

> "跟他分手的时候,我恨得咬牙切齿,说了很多难听的话:说他一无是处,无聊,性能力为零,愚蠢,是个'妈宝男'。我是不是成功伤害了他,永久地扼杀了他的自尊?"

你已经给了他自恋资源。辱骂他甚至比赞赏他更"让他上头"。辱骂他是你对他有热烈感情的最好证明。

自恋者不理解什么是爱,对他来说爱就像是空言……但是他理解什么是仇恨,并"深信"仇恨的力量。在自恋者看来,别人对他的仇恨是"真实""诚实"的反映——他把自己理解不了的爱说成是说谎和操控。

假设你不理解《黑色方块》[①]这样的创意。但是你被告知,这幅画很有内涵,所有有文化的人都能看出来,而且会大加赞赏……你不想成为"没有文化的人",所以,尽管你什么都没有看出来,但还是试图说服自己,也看到了其内涵。

同样地,自恋者从别的地方了解了爱的价值,于是他假装能够理解爱,实际上他的灵魂深处完全没有产生共鸣。对他来说爱只有一种

[①] 作者为俄罗斯画家卡西米尔·塞文洛维奇·马列维奇,整幅画中只有一个黑色的方块。——译者注

价值：它是获得征服某人的权力的可靠手段。所以，你被灌输了"与真爱相差无几的自恋者的爱"，作为回报，你获得了一种类似于真爱的感受。

你扼杀了他的自尊心吗？无论过去还是现在，自恋者都没有稳定和充分的自尊，所以也就没有什么可扼杀的。

他从你对他的侮辱中体会到了什么？如果唤起了他的自恋性羞耻，那也是短暂的。是的，自恋者可能会在听到你侮辱性的话后撕心裂肺，但是他很快就会释然。这对他来说不是第一次了。自恋者从小就对这样的事情习以为常，这使他形成了自恋防御"盔甲"。要突破这个"盔甲"是不可能的。

此外，自恋者本质上是受虐狂，他从被羞辱中感受到了变态的快感，他有一种根深蒂固的被惩罚的欲望。所以，你侮辱性的话正中他的下怀。

134.离开施虐者是软弱的表现吗?

> "有些博主说,离开施虐者是软弱的表现,我们应该坚守到底,采取战斗的姿态,打败他,迫使他尊重你。我们也要学会如何在这样的关系中生存下去,这样你在未来就不会关闭尚未关闭的格式塔。而且这些博主还教我们如何正确回应施虐者,如何操控他们。您怎么看这个问题?"

软弱?难道离开施虐者很容易吗?离开施虐者才真正需要力量。相反,那些缺乏力量,或者暂时缺乏力量的人,才会留在施虐关系中。

"战胜"施虐者,这样的想法让许多人热血沸腾。但是想想看:"战胜"施虐者意味着什么?即使你现在"战胜"了他,以后他也会报复。而你会试图再次"战胜"他,这种毫无意义又浪费时间的兜圈子,只不过加深了你对他以及一时的虚假胜利的依赖。

你无法迫使施虐者尊重你。首先,"施虐者能够感受到尊重"这句话不成立。他不知道如何尊重他人。他要么鄙视弱者——当然是他眼中的弱者,要么认同别人的强大。而且如果强者后来"英雄失意",他对力量的敬畏会立即被蔑视所取代。

其次,即使现在你"战胜"了施虐者,也不可能一直躺在功劳簿上，他很快会发起疯狂的反扑。除非施虐者获得胜利，否则这个"狗咬狗"的游戏会无休止地进行下去。因此，陷入与施虐者的对抗并打持久战，是毫无意义的。

不仅毫无意义，还是……自我毁灭的行径。你浪费了自己最宝贵的资源——生命。许多人后来都对此感到遗憾甚至悲伤，尽管在他们看来现在的这场对抗是"正义"之战，他们似乎在捍卫自己的尊严和底线。

受害者积极对抗是在"玩命"。施虐者正是从这样的受害者那里得到了"最美味的食物"。毕竟你"滑稽可笑"的对抗使捕食者沉闷的生活充满了色彩和激情，让他不再寂寞无聊，让他消逝的人格至少在某种程度上获得了重生。

因此，如果你陷入这种对抗，就应该知道，你实际上是在给施虐者提供"最美味的食物"。

如果战胜他对你来说非常重要，那么你只有一个办法——让他饿着。也就是说，晾着他，不回应他，对他没有感情。

许多人在施虐关系中都会经历热切地想要"战胜"施虐者的阶段。你寻求并尝试采用不同的手段控制施虐者，这种做法既让你浪费了宝贵时间，又在一定程度上……背叛了自己的本性。毕竟正常人把任何关系——爱情、同事情、友情、亲情——仅仅看作平等的伙伴关系。因此，当你开始尝试与施虐者对抗时——你的一条腿已经迈上了弯路。

至于掌握反操控技巧，我觉得这不重要，重要的是学会迅速识别有毒的人，并尽早与其保持距离。

没有必要反操控：一个心理成熟的人不会通过贬低对方来回应对

方的贬低——他根本不会与贬低自己的人交往。这就是我认为的正常人的底线,而不是对付施虐者的武器。

应该学会识别操控行为,而且不被操控。在大多数情况下,这项技能足以让你在生活中进行"自卫"。

每个人都要自己决定是硬碰硬——与施虐者斗争,还是把自己宝贵的生命用于实现自我和维护温暖的关系——爱情、友谊、合作。所以,我相信,打破有毒的关系正是为了展现爱自己和爱生活的力量。

135.他想开始新生活,所以来寻求我的帮助

"我们在三个月前分手了……这已经是我们第四次分手。这次我没有回他的电话和信息。他在给我发的信息中说他改主意了,他意识到自己的生活一直不如意,而且伤害了我,他已经厌倦了,想开始新生活。他需要我的支持,即便只是作为朋友的支持。这是操控吗?

"我很困惑:感受到他的悔意和想要改变的意愿后,我怎么能离开他?难道施虐者靠自己不能过得更好吗?还是说他们都是怪物,不值得我们同情?我相信他有能力爱别人,他身上也有优点,但是他的心理是扭曲的。现在我正在给他找心理医生,在他脆弱并愿意接受帮助的时候与他一起努力……

"同时我也意识到自己可能会面临更多的麻烦。"

"不是所有人……都是这样的怪物……"撇开所有的玩笑话不谈:同情和有毒的拯救之间有很大的区别。你可以在安全的距离内表达同情,同时确保自己不会受到伤害。但是拯救者往往会闯入面临困境的施虐者的生活,通过"行善"的方式来表达自己的"同情"。我只问你一个问题:你确定他"愿意接受你的帮助"吗?那么,为什么他不自己去找医生,而是由你为他找,毕竟是他"想要改变"。他自己做不到吗?

他是在操控你吗？肯定是的——是有意识或无意识的操控，但是这并不重要。施虐者在采用各种手段也没能留住你的时候，通常会打出这张牌——"我想开始新生活"。不幸的是，这种操控手段引起了大多数人的共鸣。我们从小接受的教育使我们习惯于对他人的生活负责，而且觉得有义务伸出援手——如果他人请求帮助，那就更应该伸出援手。这种思想在女孩求学阶段就被灌输给她，例如，学习好的女孩要与后进生做同桌，以便她能给他"正面影响"。长大后，我们也习惯于给他人"正面影响"。

然而，现在是施虐者"想要开始新生活"。他的生活通常是起伏不定、反复"重启"和"清零"的状态。这是因为他对生活、他人、事业的态度经常发生变化。他总是会有跌入谷底的时候——比如他的妻子离开了他，或者他被解雇。

然后，施虐者体验到了自恋性羞耻，开始"夹着尾巴做人"：他开始明白，他展现给世界的虚假自我和他真实的自我之间有很大差异。他敏锐地意识到自己很渺小，被侮辱，被排斥。这是施虐者面临的谷底，他想尽快触底反弹。这就是为什么在这个时候，施虐者真诚地"想要开始新生活"。

而且他确实会开始新生活。他戒酒，学习英语，去朝圣，重新找工作，还债，献爱心。简而言之，他"幡然醒悟"了。

心理学教授萨姆·瓦克宁告诉我们，施虐者的转变包括以下这些方面：放弃所有的一切——工作、生活的环境和城市——"从头开始"生活。

施虐者采取这种极端措施，最终获得了周围人的认可——这有助于他获得所需的反应并迅速树立豪情壮志。回想一下契诃夫的小说

《决斗》的结尾。由于施虐者伊万·拉耶夫斯基为人粗鲁，最后有人向他发起挑战。他活着回来后"幡然醒悟"：他娶了自己原本准备甩掉的已经同居的女友，记起了自己的责任，还戒酒戒赌……而他周围的人也热烈欢迎他变好。

不论是小说还是改编的电影，《决斗》都是大团圆结局，这给我们制造了施虐者可以彻底重生的错觉。虽然书中在此处画上了句号，可是生活还要继续……

这是否意味着拉耶夫斯基已经改好了？当然不是。在他走出虚无的深渊后，就不再"神志清醒"。开始新生活并不难，难的是延续新生活。

所以，施虐者的"新生活"只是他表面上作出的一些"积极"改变而已。这些表象是施虐者无意识状态下的行为，因此无法延续下去。同时，施虐者可能真诚地相信自己已经"重生"，而没有意识到自己只是在表演——模仿"一个完全不一样的人"。

施虐者为了持续不断地改善自己的生活，必须重塑另一种人格。而自恋的病态，唉，是无法治愈的。

成熟的人是如何开始"新生活"的呢？

⊙他不会说"想要开始新生活"，而是在想要改变的时候，一步一步踏踏实实地，夯实取得的成果。他不会给自己设定任何"宏伟的目标"：一个月内赚到一百万美元，读一百本书。

⊙他会尽量不让自己陷入绝境，及早修复生活中的负面变化，分析产生这些变化的原因并努力防止其恶化。

⊙他不依靠别人的认可和支持来改变自己的生活，他不需要任何人激励他，帮他保持积极的心态和找心理医生。

136.是离婚，还是说服他去接受治疗？

> "我正在考虑离婚。但是，让一个病人独自面对他自己的疾病，我于心不忍。我是不是应该劝他去接受治疗，而不是跟他离婚？是否存在一个人承认自己有问题，能够去寻求专业人士帮助，并学会控制自己行为的情况呢？也许他只是缺乏亲人的支持？"

我喜欢心理学教授萨姆·瓦克宁在谈到"亲人的支持"时说的一句话："这是一个可悲的例子，说明自恋者在煽动受害者自我欺骗。受害者被自己对正义战胜邪恶的强烈渴求所蒙蔽。对自恋者来说，这是软弱的表现，散发着受害者的气息，是在大张旗鼓地展现自己的脆弱。自恋者利用和'强奸'了人们对秩序、善良和意义的渴求。"

的确，有些时候，自恋者会自己决定去看心理医生——通常发生在破坏性关系的后期，在你与他发生多次对抗和分歧，你下达最后通牒"要么你改变，要么我们分手"之后。

但有时候这张王牌——"我意识到自己有缺陷、有问题，需要去看医生"——是自恋者自己打出来的，目的是控制你。在失去自恋资源、被孤立、经历了特别难熬的抑郁之后，自恋者可能会跪着爬到你面前，求你不要抛弃他，并同意接受任何方式的治疗。

可以相信他吗？自恋者希望从专业人士那里获得有效的帮助，这可能是真诚的，也可能带有操控目的，即使测谎专家也无法分辨这两者的区别。但是，分辨出区别又有什么意义呢？

这种冲动即使是真诚的，持续时间也很短暂。如果是为了实现操控目的，那么这个人不会改变自己，他唯一的目标是采用所有手段引诱你回来，甚至继续对你施虐。他还会"策反"心理医生，让心理医生站在他一边。

这种情况并不罕见。接受过这种家庭治疗的女性读者告诉我，她们坐在那里就像开批斗会，她们不得不为自己的"歇斯底里""纠缠"辩护——而自恋者则在心理医生面前把自己美化成很有耐心的丈夫，一直在包容有问题的妻子。

通常情况下，心理医生与受害者一对一的治疗会变成对受害者单方面的严厉指责和煤气灯效应。受害者也会陷入操控者设的陷阱。而心理医生则成为自恋者的"飞猴"，说服受害者"接受这个人原本的样子"，"学会信任"，"改变自己"，以挽回这段关系。

也有这样的情况：自恋者自己去看医生。毕竟不管我们怎么想，自恋者的生活并不甜蜜。长期的空虚、自我蔑视和厌恶，生活毫无意义，"漂泊"，情绪被压抑，深度焦虑，经常性的羞愧、内疚、愤怒——所有这些都使他的生活变得很艰难，有时甚至让他难以忍受。

自恋者不时遭受严重的人生危机：离婚、失业、法律纠纷、无法抗拒的成瘾。于是自恋者去开药，"治疗抑郁症""减轻焦虑"。成瘾的自恋者还需要别人帮助他克服毒瘾、酒瘾、赌瘾、暴饮暴食等。

这些治疗可能会使自恋者的生活有一些改善。例如，我的一个读者（是个自恋者），在得了抑郁症，经历四年不与任何人交往的岁月后，摆脱了暴饮暴食，找到了一份工作。至少他很满意。

但是你要明白：这些治疗是要消除人格障碍的症状及其带来的后果（成瘾，一系列中断的关系，等等）。而要让他深入挖掘自己的内心，审视自身的问题，真正改变自己（也就是在更深的层次上改变）是不可能的：强大的、无坚不摧的心理保护，不与自己进行交流，都是阻碍改变的因素。是的，自恋者能意识到自己是个"另类"，但是他不能接受"另类"是一种病态。你最好把他看成是独特的、复杂的、被大家误解的人！而且他会习惯性地把责任推给"愚蠢的对方""该死的政府""弱智的心理医生"等等。因此，这样的治疗一开始就会陷入僵局。

即使自恋者带着半意识的愿望去找心理医生接受治疗，也会发生这种情况。治疗一开始可能相当顺利，但是很快自恋者就会厌烦，心理医生也会被动陷入理想化和贬低的旋涡，对病人在治疗中的不可靠以及疗程中断感到厌倦……还包括我们任何人在与自恋者的关系中所经历的一切。这就是为什么许多专业人士拒绝给他治疗：这需要付出大量的努力，但是收效甚微。

有些自恋者能够在治疗中学会"控制自己的行为和反应"——这并不意味着他能成为一个正常人。"黑洞"不会缩小，从理想化到贬低的反复和共情能力弱的缺陷也一直存在。

自恋者充其量可能学会了以更容易被人接受的方式待人接物，这可以让他取得不同程度的成功，但是他内心的紧张感同时也将不可避免地增强，他会把这些压力发泄在亲近的人身上。因此，没必要期待自恋者会发生多么深刻的变化，也不必期待他的变化能持续很久。这就是心理学教授萨姆·瓦克宁所说的"罪恶的乐观主义"。

137.想见他只是为了性

> "我不再对'前任'抱有任何期望,我也不去想有关我家庭和孩子的问题。但是他提出我们可以继续做情人,因为我们在床上很和谐。如果我同意,我还可以对他抱有什么期待?"

这是常见的陷阱。通常情况下,在与施虐者分手一段时间后,施虐者往往会提出"只做情人""与你在没有承诺的前提下约会"这样的建议。在回忆与他的性爱是多么美好(更准确地说,是未解决的情感成瘾和性成瘾)后,你自问:"为什么不这样做呢?"同时你也觉得自己相对安全,因为你已经认识到施虐者的本质,也意识到不适合跟他认真发展关系,不会把希望寄托在他身上,也就是说,他已经不能再伤害你了。

然而,"纯粹为了性而约会"只适合正常人,不适合施虐者。毕竟施虐者的关注点根本不在性上,而在对你继续保持控制上,性只是他控制你的工具。

为什么在双方的关系刚开始时,他寄希望于灵魂独一无二的契合,而不是性呢?因为他明白,在爱的主题下你将为他提供更多"美好"的回报,而不是"为性而约会"。

因此,如果施虐者提出仅仅与你做"情人",他的目的就是重新获得对你的控制权,然后通过控制你的身体,按计划"与你做爱",

第 4 部分
离开吧！不要回头

使你任其摆布。

此外，你应该明白，他仍然会像以前一样（就像在"认真"的关系中）向你索取，但是他对你的贬低已经公开化了，他会充分展现自己的厚颜无耻。面对你的抱怨，他会回答："你是在吃醋吗？你以为你是我的什么人？把你的怨气收回去，否则就给我滚。"

因此，在施虐者的"后宫"[①]等级制度下，你被降到了较低的位置。当然，即便你站在顶端，你也不见得会高兴，但是……

最后是我一位读者的故事的一段摘录，也许能让你清醒：

"我的态度是：我不再依赖他，我是自由的，由我来决定如何与他交往，以及交往的程度！然后我们见面了。为什么不呢？我们都是文明人，我们有很多共同点。我越来越多地对自己撒谎。我是如此愚蠢地相信自己的力量和坚韧，以至于无畏地亲手将自己送入捕食者的老巢，尽管我花了很多时间和精力逃避。

"与他做爱？为什么不呢？哈哈！我很坚强，我不害怕。这只是为了获得性而进行的高质量性行为，不掺杂感情，只是为了给这段关系画上一个完满的句号，也只是为了证明我已经无所谓了。为了……我不知道自己还在哪里骗了自己……

"我正勇敢地准备享受肉体的快乐。但是……他非常温柔，小心翼翼……他轻轻地吻着我的脸，抚摸我的头发，紧紧地盯着我的眼睛，低声说他要记住和我在一起的每一秒，当我再次离开时，要珍惜这些回忆……

"我们相拥着看他童年的照片。我的喉咙好像哽住了，心脏像灌

---

① 见三部曲的第二部《这都是他们的事》。——作者注

满了铅一样疼痛。这不是我想象中的'只为性'……妈的！！！我在幻想什么呢？！"

然后我的这位读者又开始以同样的方式与施虐者约会，怀孕并被迫结婚。五年后，这一切最终以离婚而结束。这些年来她和孩子承受了多少，他们是如何艰难地挣扎着挺过来的——我们大致都清楚。

结语：与性生活常常很混乱且不屑于采取保护措施的人约会，不是个好主意。

138. "圣人"可能是施虐者吗？

> "我跟他分手了，他让我无法忍受。但是我有一个疑问：他可能是施虐者吗？毕竟我的脚崴了后，他背着我去医院，还帮我装修了厨房，他不可能是冷酷无情的坏人！"

当你的施虐者伴侣被他人描绘成"英雄""圣人"时，可能很难让人相信你们的关系是施虐关系。你似乎看到了很多不好的东西，但是它仿佛被两三道明亮的白色光芒掩盖了。

同样难以面对的是，他阳光的形象征服了周围人，他们都认为你在"诋毁"一个很好的人。

下面是我的一位读者的故事：她和一个男人交往。如果不是由于发生紧急情况，在她眼里他会一直是个正常人。

他们去了山区。在那里，这个女孩不幸摔断了腿。男人很有英雄气概：他背着她去医院，然后在病床边照顾了她一个月，给她送药、送礼物……

这是甜蜜、浪漫爱情的开端？是人类移情的最好证明？我的这位读者就是这样想的，她顺理成章地爱上了自己的救命恩人，而他也有类似的感觉。

但是她的腿痊愈后，这个男人从关心她的爱人，变成了花样百出的专制者：我无法爱你——你走吧，我不需要你——原谅我这个傻瓜——你走吧。

如果不是了解了上文所述故事的背景，他的行为很容易会被贴上施虐的标签。但是他确实在女孩遇到困难时无私地帮助了她！这让女孩无法以清醒的头脑思考问题，所有逻辑都不适用了。而且不仅是这个女孩，女孩的朋友们也陷入了同样的陷阱：这样的人不可能是坏人，相反，这个女孩才有问题！他救了她，而她竟敢如此忘恩负义地"把他拉下马"！

这种施虐方式很明确。这个男人在女孩有难处时表现得很"完美"，为此他获得了很多赞誉。作为优美词汇高尚、无私、英雄的化身，他爱上了自己的反射形象，爱上了照出他"理想形象"（救了女孩的"英雄"）的"镜子"。

但是，崇拜不可能维持一辈子。我的这位读者康复后，开始对无休止地讨论这个男人的壮举失去兴趣。不，她依然对他心存感激，但是她觉得应该谈一些其他的话题，因为她不再无助，不再需要加强保护。

正常的夫妇会庆祝康复并继续享受生活，但是自恋者不一样。自恋者的"口粮"日渐减少，最后"食槽"完全空了。夸赞的声音在哪里？无助的爱人（众目睽睽之下显摆的工具）在哪里？理想化地反映人格的狂欢还会继续吗？……

这时候他的真面目就露出来了……

如我们所知，自恋者的自我意识非常模糊。他能感觉到自己的空虚，并为之恐惧，因此，他非常需要不断地"完善"自己的人格。为此，他形成并维持了一种虚假身份——虚假的自我，这赋予了他渴望拥有的特征。而我们,无论远近,都被要求像镜子一样回应这种虚假的自我。

自恋者能否觉察出他的"自我"是虚假的呢?萨姆·瓦克宁教授说到,虚假的自我被自恋者误认为是真我。在这个时期,自恋者的自我感觉会比较好,例如,他在收养流浪猫或者送你一盒费列罗巧克力后,会认为自己:"能处处为他人着想,体贴,有同情心。为什么他们都说我冷漠、不友善呢?这是谎言。我不是这样的人!如果我对谁'不好',那也是他们把我逼成这样的。"

于是你对自己说:"好吧,坏男人不可能背扭伤脚的我,不可能给我装修厨房。而他消失了一个月,还在互联网上发布了自己与另一个女孩拥抱的照片——这显然是我的错……"

139.他看电影时哭了，这能说明他共情吗？

"很久以前我就准确地意识到，施虐者除了有强烈的愤怒和嫉妒情绪，没有其他感情。我男朋友曾经把我赶出家门，让我在外面挨冻，还威胁要杀我全家的人，我怀疑他杀了我们养的狗……

"但是看到电影中的感人场景，他会哭。他是感同身受吗？他是不是想起了曾经触动他内心的事物？这是否说明他可以被一些东西感动，他身上还有人性呢？"

从"人类"的角度来解释施虐者的行为，这种习惯已经伤害了许多女性。我们误以为施虐者有悔恨、同情、关心等感情，但往往不是这样的。

我的一位读者这样写道："善与恶混合在一起，用'感动的眼泪'和'善行'稀释满腔的仇恨与恶意——这是最危险的一种组合，因为它经常会误导我们，让我们看不清自恋者的本性。我也曾多次上当，为施虐者的卑劣行为辩解——他看到步履蹒跚的老妇人，突然就会感动得落泪，并发出前所未有的慷慨——我突然忘记了那些糟糕的事情。"

自恋者为什么会落泪呢？

第 4 部分
离开吧！不要回头

⊙ 为了他自己，他最爱他自己。

⊙ 做样子给别人看（戴着社会性正常人的面具）。一个男人结婚45年来一直嘲讽自己的妻子。但是大家看到他总是在公众场合牵着妻子的手，每个结婚纪念日都会给她送一大束花。没有人知道关起门来夫妻俩是如何相处的。这个女人很早就死了，他在她的墓前痛哭，每个人都为这个不幸的鳏夫心碎！

再举一个例子。看感人的电影时，施虐者情真意切地哭起来，然后对妻子说："看我多敏感，我的眼泪比你多！"太可笑了！这个人在与妻子竞争，看谁的痛苦更强烈、更明显！施虐者在这方面也需要有优越感！

出于同样的原因，施虐者可能会去参加志愿服务活动，或者去慈善机构工作。我的一位读者曾说："我以前的一个朋友一直在做帮助低收入人群的工作，她几乎被认为是一个圣人。事实上，她只是觊觎管理层的地位，能够欺负手下的人，还能贪污公共财产。"

⊙ 为了保持对受害者的控制，获得自恋资源（抛出糖衣炮弹的表演，以被抛弃为理由获得他人的怜悯）。

⊙ 为了挽回已损失的利益。一个变态人格者梦想自己的女儿成为伟大的科学家，这样他就可以发一笔财。他逼迫女儿小小年纪就开始发展智力，给她安排大量的课程，使她筋疲力尽。这个女孩在八岁时患上了蜱传脑炎，导致神经系统受损（但是，也许几年后她的症状会减轻）。变态人格者在得知女儿的病情后，泣不成声，嚎啕大哭。你认为这是为什么呢？几年后他说，他希望女儿能够功成名就，让他过上上流社会的生活,现在他的梦破碎了。

⊙出于对被惩罚的恐惧。施虐者殴打你,然后在第二天早上带着药膏,湿润着双眼用嘴在你的伤口上吹气;或者在举行婚礼前抛弃你,当你精神崩溃时,又拿着勺子喂你吃粥和虾。这是这类人常见的行为。

⊙出于妒忌。"在一个朋友的婚礼上,我的丈夫(施虐者)在新娘的父母讲话时突然哭了起来。我以为他被这个场景感动了,所以拥抱了他。但是他却说他的父母不是这样的人,他们不会给他一个这样的婚礼。"我的一位读者回忆道。

我们认为"凡事都有好的一面",把"鳄鱼的眼泪"看作是人性的表现,这要归功于家庭和学校的教育!老师没有给我们讲多洛霍夫①的破坏性,而是告诉我们,"他是一个有爱心的儿子、兄弟"(其实这是谎言)。

我刚刚重读了《罪与罚》。让我想想,学校的老师是如何给学生讲书里的一个小人物斯维德里盖洛夫的。提醒你们一下:他是一个恋童癖、赌棍、花花公子,不仅一手造成了自己妻子的死亡,还调戏女孩子,导致女孩子溺水而亡,迫使仆人轻生,甚至还差点儿强奸了杜尼娅·拉斯柯尔尼科娃。

那么,你知道的老师是怎样给学生介绍这个人物的吗?"不能说这个人是完全负面的。他并不是只有一面,不像我们对他的第一印象那样。是的,斯维德里盖洛夫是一个恶棍,他犯了很多道德和身体上

---

① 小说《战争与和平》中的一个人物。——译者注

的罪行。然而，斯维德里盖洛夫做的好事甚至比小说中的其他人还要多。他帮助支付马尔梅拉多娃的葬礼费用，把她的孩子送到孤儿院，关心杜尼娅，资助罗季昂一万卢布，挽救了女主人公，让她不要嫁给卢津。"

完全没有批判！老师只教给孩子们在希特勒身上寻找光明和善良的一面！他画画，给秘书送花，女士们落座前他从来不坐——是不是说明希特勒有人性？

而美国杀人狂魔泰德·邦迪身上又有多少优点？！他"照顾"了一个带着孩子的女人，为他们做早餐，在暴力受害者求助热线上工作！那么，他也不是"像第一印象那样片面"？

自恋者为什么哭？我不知道！但是你最好记住被他杀死的狗，被逼轻生的女孩……如果你倾向于认为"他还有人性"，那么这对你有什么好处呢？这能让他不再是施虐者吗？能让你的狗复活吗？

总之，赋予施虐者人类正常的感情，只会伤害你自己。分析一下他看电影时哭的原因，就会明白你强化了自己罪恶的乐观主义，再次跳进了全然理解和宽恕的火坑。

140. 他已经正常10年了

> "在过去的十年里,我和我的丈夫一直过着正常的生活,但是后来他就开启了疯狂的人生:酗酒、养情妇、粗鲁无礼,无故消失好几天,几乎不给我任何生活费。我想这只不过是一场危机,所以我一直忍着。但是他打我的时候,我提出离婚。
>
> "我不明白:在十年的正常关系之后,他为什么会变成施虐者?如果他以前是个正常人,那么在他身上发生了什么事情,是不是我也有错?"

不,他不是十年后才成为施虐者的,他一直都是这样。施虐者的本性很难隐藏这么久。

其中一个原因是:在之前的时间里,你要么对施虐者的行为"视而不见",要么找理由安慰自己,即所谓的合理化,直至发生令你震惊的事情。我收到我的一位读者的来信,信中写道:"我们度过了15年完美的婚姻生活,突然我的丈夫就像摆脱了锁链一样。"我和她一起分析了她的"完美"婚姻,有了一个又一个新发现!其实她的丈夫早就有了很多施虐行为!

有人将这个人"变坏"归因于他事业的发展和经济能力的提升。但是,确实如沃伦·巴菲特所说:"在我认识的所有亿万富翁中,金钱只是揭示了他们原本的性格特征。如果他们在有钱之前是蠢蛋,那么他们在有了10亿美元之后就会回到蠢蛋的状态。"

第 4 部分
离开吧！不要回头

把一切都归咎于一个人酒瘾变大，并把酒瘾和他的人格分开来看，也是一样的道理。苏格拉底说："醉酒并不会导致恶习，但会暴露恶习。"我也相信，权力、金钱、名誉和地位都不会使人变坏，只会暴露他的本性。

对于心理成熟的人来说，"做好人"（不要把它与"好孩子"和"完美的人"混淆）是一种自然状态。因此，他不会紧张，因为他自由地把自己内心的感受传达给了外界。也就是说，他不会为了不"露馅"而不断地控制自己的情绪和言论。

而自恋者表现出虚假的自我是另一回事。所以，你嫁给了这样一个"好男人"七年后，当他成为公司董事时，突然：

⊙他说："终于找了一个情妇。"
⊙他开始越来越频繁地违反交通规则，欺负坐在便宜车里的"乡巴佬"。
⊙他开始抛出言论，说像他这种地位的人就应该左拥右抱。
⊙他开始嘲讽你的外貌，说一些诸如"哦，你那双枯树一样的手呢？"（这还是比较"有修养"的说法）之类的混账话。

通常你会为"正常的丈夫"这种断崖式的转变震惊。我的一些女性读者将他的这种转变视为泼冷水，而且否认在此之前丈夫有任何令她不安的迹象。换句话说，理想的丈夫是自然地"变坏"的！

然而，在分析了整个关系的细节后，她们回忆起对方施虐的许多行为。这些行为要么被她们合理化，要么被她们原谅，要么由于自己的虚荣心而被"掩盖"。突然间，她们回想起了施虐者的种种异常表现：

⊙第一次约会时闯入你的公寓，然后你发现桌子上粘着口香糖。

⊙吃完饭后起身就走，从来没有对你说过"谢谢"，而且经常不冲厕所。

⊙你花了500块钱做美甲，他抱怨说你应该省钱，尽管他不遗余力地满足自己巨增的物质需求。

⊙因为他要去见他的妈妈，所以让你自己坐公交车去妇产医院生孩子。

⊙允许情人翻你们的衣柜，检查你们的内衣上是否留下了"污秽"痕迹。

⊙尽管你说很疼，但他还是坚持与你做爱。

⊙偷偷地在卧室里安装了摄像头……

现在想一想：这个"好人"是有钱后才变坏的，还是他一直是个施虐者，现在终于"现原形"了？

刚认识时就察觉到这个人身上的施虐者特征并不难。在《恐惧吧！我与你同行》一书中，我给出了一长串在交往之初就能觉察到的报警信号——当然，在相爱、同居、怀孕、投资于共同的财产之前也能觉察到，这时你可以相对无痛苦地结束这段关系。

如果你的丈夫在结婚十年后"变坏"了，就试着清醒地评估他在婚姻中的种种行为。回忆一下他让你感到痛苦、让你哭泣的行为和话语。你是否有过这样的感觉：他不爱你，你突然对他不再有吸引力。

你的健康也是一个重要的衡量指标。如果你被疾病困扰,如果你有"不明原因"的抑郁症,如果你的体重增加,而且无论如何也无法减肥,那么你的生活中可能存在有毒的人:亲戚、朋友、同事……

141. 找不到能取代他的人

> "两个月前我与施虐者男友分手了，但是我还没有确定新的关系。期间，我遇到了一个男人，他很细心，能认真听我说话，但是在第一次做爱后他就消失了。现在我要与另一个男人约会，但是我担心他也是这样的人……"

在与施虐者分手后的恢复期内的陷阱之一[1]是试图立即找到施虐者的替代者。导致这种状况的原因很多。第一个也是最主要的原因是，你长期缺爱，需要立即获得满足，而且你实际上浸泡在破坏性环境中，真的渴望获得温暖和认可。

第二个原因是希望向施虐者（包括你自己）证明，你作为女人是被需要的，是有情趣的。他可能有其他女人，但是不好意思，在你这里他也要排队。简单地说，就是想让施虐者"后悔"。

第三个原因是对孤独的非理性恐惧。我不止一次注意到，有些女人在与施虐者离婚后，会迅速再婚！好像她们在与前夫竞争，看谁能更快找到新的配偶。这是干什么呢？是想要向施虐者"证明"什么吗？是不是有"不恋爱不能活"这种共同依赖的倾向呢？还是说想表达深深的自我厌恶，觉得没有伴侣就有一种"不正常""没人要"的

---

[1] 关于这个话题，请参阅三部曲的第三部《废墟重建》。——作者注

感觉呢？……

所有这些原因——对被爱与被抚慰的渴望、对孤独的恐惧、与"前任"不可理喻的竞争——都给捕食者提供了抛诱饵的机会。我不知道施虐者是如何感知到你的抑郁和伤心的，但是我不认为这是一个奇迹，因为你的神经质是显而易见的。为了鼓励你坦白自己的受虐经历，我们不需要找特殊的方法：在这个阶段，你主动渴求倾吐自己内心的想法，以获得支持。需要注意的是，如果这个人表现出尊重、关注和愿意倾听……那么你应该警惕这样的"怜悯者"和"安慰者"，特别是你不知道他是从哪里冒出来的时候。这样的人通常也是施虐者，即所谓的"食尸鬼"。

我强烈建议你不要急于进入一段新关系。我不是说你应该避开男人，但是至少在与施虐者分手后的最初几个月，在恢复期面临第一波痛苦时，要避免与任何人亲近。

这可能会成为压倒你对他人，特别是对男人的信心的最后一根稻草。施虐者未竟的事业可能由一个微不足道的掠夺者完成，而且在你破碎的心还未修复时，这个掠夺者就能轻而易举地摧毁你……

142.已经与好男人开始新生活，但我还是偷偷与前男友见面

> "我与施虐者男友分手已经九个月了。就在两个月前，我和一个很爱我的好男人确定了恋爱关系，但是我却依然定期与施虐者见面。我不知道为什么。为什么我忘不了施虐者，不珍惜正常人？我知道他不会和我苟且很长时间，但是与他分开后我很痛苦。"

理想情况下，你应该先结束一段关系，然后再开始一段新关系。但是你的心理还远远没有达到可以开始新恋情的状态。你还没有完全恢复，就匆匆忙忙地进入一段新关系，以弥补自己人格上的缺陷（具体是哪些缺陷，需要你自己或者与心理医生一起弄清楚）……最重要的是，你还没有结束与施虐者的关系。你只是在形式上离开了他，但实质上仍然与他在一起，并且依赖他。

如果你想要珍惜"正常人"，就应该摆脱情绪波动，彻底调整心态，找到健康的人生价值……这是建立伙伴关系（而不是像你们迄今为止所建立的共同依赖关系）的第一步。

我没有掌握完整的信息来判断你现在的男朋友是什么样的人。他可能确实是个好人。但是我建议你认真审视一下他：施虐关系中的受害者急于开展新恋情，从而进入下一段施虐关系的情况并不少见。你会被"安慰"所蒙蔽，然后再一次被掠夺。

143.要给追我很久的人机会吗?

> "我离婚已经三年了。期间,我试着开始确立新关系,但每次总是会遇到另一个施虐者,然后再次分手。于是我想:也许幸福一直近在眼前,而我却视而不见?事情是这样的:我的发小从小就喜欢我,已经20年了。期间他结婚又离婚,因为按照他的说法,他只爱我,他会等到我点头并说'我愿意'。我过去不喜欢他,但现在我在考虑是否给他一个机会。我的许多朋友也劝我给他机会。"

潜在的危险情况是:我们不喜欢的男人好像是爱我们的,并且多年来一直在等待我们,现在只看我们是否愿意回应。

女人通常不会拒绝这种恋人未满的情况。为什么要拒绝呢?如果这个人对你有求必应,总是很细心,而且对所有人都很好,除了你的心不在他身上,还有什么缺点呢?

而且,通常情况下,这个"苦等的追求者"总有一天能迎来春天:爱情失败后(往往是施虐的爱情),女人决定"给他一个机会"。毕竟和他在一起不会有任何不愉快,因为你们已经认识很多年了,他已经久经考验!这么长时间以来,他都在帮助你,不求任何回报。即便他离你比较远,他甚至也会坐飞机过来帮你,听你诉苦,睡在隔壁的床上,不会纠缠不休……

然而，我要告诉你一个常常会发生但会令你很震惊的事实：往往这样一个长期崇拜你的理想伴侣，会在你们确定关系后的几星期到几个月内转性！我的一位读者20年来都是这种"崇高"爱情里的那个被追求者。在这段时间里，男人结婚、离婚——嗯，当然是"出于绝望"，因为他只爱她一个人……

朋友们都劝她"给男人一个机会"。随后发生了什么呢？他们在一起后的第二个月，男人失踪了三天。第三个月，他漫不经心地说，他对她的感情似乎越来越淡。几个星期后的一天夜里，他歇斯底里地摔门而出，吓醒了我的这位读者跟她前夫一起生的孩子。

然后，像往常一样，男人祈求她的原谅，如果没有获得她的原谅，他就会在她父母的家门口愤怒地发疯。结局显而易见……

怎样才能不落入施虐者设的陷阱呢？

⊙不要把别人当"备胎"。不要骗自己这是纯友谊，你知道这并不是。纯友谊是透明的，朋友从你那里得到的东西与你从他那里得到的东西一样。

⊙可以理解的是，追求者本来就常年在你身边"执勤"，你似乎没有理由赶走他。然而，即使在这种情况下，你也不应该利用他来"单向"获取利益，即在他的帮助下解决你自己的家庭、金钱和情感问题。

⊙只有当你对一个人有感觉时，才能与他在一起，而不是"给他一个机会"。否则就是在伤害他的自尊。

⊙如果你真的决定与一个"值得信赖的朋友"在一起，就不要由于你们已经"认识很久了"而缩短"试验期"。在亲密关系中，这个人会以让你惊讶的方式暴露本性。

144. 他说:"放弃原则,给我打电话吧!"

> "我已经从施虐关系中解脱出来一年了,现在我只是害怕亲近男人。最近,一个熟人邀请我去郊区过周末。我知道他不想追求我,只想与我发生性关系。
>
> "我对他说,尽管我喜欢他,但我讲原则,不会与他去任何地方。他说我像个小姑娘。毕竟我42岁了,还没有结婚。他还说:放弃原则,给我打电话吧!这说明我做得对,还是说我已经投向了正常人的怀抱呢?"

虽然你是成年人,但这与你是否愿意跟约你出去的男人一起过关于性爱的假期无关。

违背自己的原则和意愿去做某件事情——出于各种原因不敢说"不",如怕得罪人,怕失去潜在的爱人(丈夫),怕自己显得太保守、太冷漠、太"野",才是小姑娘的所作所为。

而且你知道自己不能接受哪些事情——你已经或多或少直接向他表达了自己的不情愿。你不会丧失自己的原则向他妥协(没有追求的过程,就不会直接跟他上床,也不会亲近他),你坚持自己的原则——在我看来,这表明你有设定界限的能力。我不知道这对你来说是一项你原本就掌握的技能,还是你新习得的技能,但是这项技能绝对有用。

你的这位熟人是一个操控者。虽然他没有太多心眼，但是他在直接羞辱你——"都42岁了，还故作纯洁"。而且你还没有结婚——他会认为，你应该为别人向你提供性服务而感恩戴德！虽然他没有明说，但是女人不难从中看出贬低自己的意味。

"放弃原则，给我打电话吧！"——这也是操控。同样的，在电影《梦若初见》中，男主角菲拉托夫向女主角索洛维说："做一个普通的女人吧，放下你的骄傲。"

你没有拒绝这个男人，你已经向他暗示了你对不损害自己尊严的前提下发展关系的兴趣。正如女主角索洛维，她并不反对这种关系，但前提是必须尊重她。你的这位熟人和上面这部电影中的男主角用了同一套操控手段来回应你。

我认为应该在这里画上句号。他已经在试探[①]你了。这个人想把你推倒。如果没能推倒你，他会使出侵略手段。后面的情况会越来越糟糕。

---

① 破坏性情景在各个阶段的名称，请参阅《恐惧吧！我与你同行》一书。——作者注

145.我再次掉进施虐者设的陷阱

> "在分析了自己以往的所有关系后,我接受了治疗,整理了自己的'精神错乱'。我阅读了大量关于施虐关系的文章和图书。我想我现在可以分辨出两性关系中的任何操控行为。但是,我居然又一次以最愚蠢的方式陷入了施虐者设的陷阱!确实,我很快就清醒过来,离开了施虐者。但是,我仍然觉得自己很愚蠢。"

在摆脱施虐关系后的某个时期,你会感到自己有能力、有经验、懂得很多,浑身充满力量。你相信以自己现在的知识储备,捕食者无法接近你。

在我看来,这是迷信思维的变种:"现在,一切都在我的掌控之下。"但是,原则上讲,没有百分之百确保无误的事情。的确,一般的恶棍已经很难攻破你,你已经成长为谨慎和精明的女人,但这可能会激起施虐者更强烈的兴趣。另外,施虐者之间的区别很大,认清一个,不一定能认清另一个。

在我看来,认为自己应该成为像X光一样洞察力极强的人,是对自己提出的过高要求。几乎所有人都在彼此欺骗,甚至变态人格者能欺骗自己。诈骗史上有很多例子,如精明的夫妇用一个小盒子骗了一群商界大亨。作为两次出售埃菲尔铁塔的诈骗艺术大师,维克多·卢斯蒂格甚至被载入史册，他骗了阿尔·卡彭[①]！而另一个绰号为"黄毛小子"的骗子维尔骗了独裁者墨索里尼，向他出售了科罗拉多州不存在的矿场的开采权。

这是不是意味着我们对某些人完全没有抵抗力？如果这样想，就太悲观了。我相信你可以依靠自己掌握的知识、经验和常识作出正确的判断，但是也不要过于自信，如果你比自己希望的时间晚一些分辨出施虐者，也不要责备自己。

我认为最可靠的是，除了了解施虐者说的话及其典型特征，还要慢慢接近、逐步了解对方，不要"头脑一热"就"坠入爱河"。如果你觉得关系发展得太快——这是一个警告信号，就要放慢脚步，反思生活中发生的一切。

---

① 美国黑帮成员，20世纪20~30年代黑手党最有影响力的领导人。——译者注

146.想找个浪漫的男友，却陷入了施虐关系

> "我的每一段恋爱刚开始往往很浪漫。男人花各种心思追求我，套牢我。我很快坠入爱河。但是，随后所有的浪漫都消失了，施虐开始。我做错了什么？"

不幸的是，许多人对爱情、浪漫、表达同情有误解，所以我们选择了那些我们应该立即远离的人并建立了恋爱关系。我们把自恋的理想化（充满激情的双眼，被美貌惊掉下巴，"哦，多么好的女人，我希望自己拥有这样的女人"）误解为一见钟情、"神魂颠倒"、命中注定相遇。正常人给予的适度、尊重的关注，我们觉得平淡、枯燥，但是，我们几乎不熟悉的男人在酒吧把我们抱起来，当着所有人的面转圈圈，却让我们心跳加速，几乎喘不过气来。

我们信奉的浪漫爱情是，男人应该像"霸道总裁"一样，这可能会把我们引入歧途。有人说这才是真正对女人感兴趣的象征。如果他绅士地接受我们的拒绝，不坚持让我们请假去见他或者取消与闺密的约会——那么，我们会认为他就是个优柔寡断、没有主见的人，说明他并不那么需要我们。

但是，如果他说："我半小时后就到你家门口！即便现在是凌晨两点又如何？我必须立即见你！"——我们就会认为这是"爱情"！

施虐者迅速而持续地冲击我们的界限，这并不鲜见。虽然我们不

急于和他交往,也不给他电话号码——但是他"破解"了我们的电话和地址!我们不接电话,不回信息——他就打电话、写信,以各种方式"侵入我们的生活"。"你知道我是个执着的人……"

不幸的是,许多人对施虐者的这种"坚持"感到受宠若惊。"这个人就这样攻破了我的防线,我总不能推开真爱吧?"——我们深思熟虑,越来越看好这个纠缠不休的"崇拜者"。

还有一个真相:无视我们的拒绝,非要打开我们心门的施虐者,事实上瞧不起我们。如果一个心理健康的人表达的爱意得不到我们的回应,他就不会再坚持。被拒绝后,他可能会再次约我们,想要确认是他的问题,还是我们确实有事不能赴约(比如我们由于加班而无法约会)——但是,他不会进一步采取积极行动。

事实证明,如果女人想被"套牢",她基本上是将自己作为一个"战利品"来估价,并将他人"狩猎"她的行为合理化。那么,猎人在抓住并猎杀野兽后,对猎物失去了兴趣,我们就不必惊讶了,是吧?

此外,不应该把施虐者含糖量过高、被过度渲染的"浪漫"姿态看作他对待感情认真的表现。"真正的温柔不掺杂任何东西,非常安静"——我喜欢引用安娜·阿赫玛托娃[①]的这个说法。成熟的人会表达自己的真实感受,而且表达得很自然,没有矫揉造作的姿态,不会有玩人形泰迪熊和洗花瓣浴的把戏,也不模仿"小甜剧"中的套路。

---

① 俄罗斯女诗人。——译者注

147.再也不相信爱情,只想享受不需要负责的性爱

> "我不再相信爱情:我接触过的男人都是施虐者,我迅速离开了他们。我觉得自己应该不会再展开一段新恋情。但是大家都说,女人不能没有性生活。所以我决定找一个情人,只保持不需要负责的性关系。见面—上床—分开,过自己的生活,然后再约下一次。
>
> "在现实生活中,这种操作并不像我预想的那样容易和简单。第一个情人在第二次约会后跑了,第二个和我见了四次面后就说已经腻了,如果我想继续,就要尝试新花样。但是,我不想尝试他逼我做的事。事实证明,他没有给我承诺,如果我想继续跟他约会,就必须做出一些承诺才行。
>
> "现在我该怎么办?找第三个、第五个、第十个情人吗?"

的确,"不需要负责的性爱"和"为了健康的性爱"只是听起来不错,但是在现实中,这些表述有很多欺骗自己的成分。一些追捧这种做法的人,往往把"不需要负责的性爱"理解为自私的、消费性的行为,无视伴侣的人格。

正常的"不需要负责的性爱"与同一个标签下的有毒关系之间有什么区别?

⊙ "不需要负责的性爱"不是指一个人坠入爱河，另一个人利用他（她）的爱，而是伴侣双方共同决定进行这一行为。伴侣双方都清楚彼此只是保持性关系，没有承诺，对此事也没有其他理解。

⊙ "不需要负责的性爱"是指相互给对方"带去"快乐，不给对方找麻烦。也就是说，约会时相互满足（不仅仅是生理上的），"事后"没有任何麻烦。

⊙ "不需要负责的性爱"并不意味着伴侣可以不承担防止感染和避孕的义务，双方要保密，其他方面也要表现得体面。

⊙ 对"不需要负责的性爱"对象的态度——当然是要尊重。在这种关系中，没有阴暗、吊胃口或不确定性。伴侣可以随时向对方询问有关两个人关系的事情，并得到公开透明的答案。

⊙ 双方都赋予了"不需要负责的性爱"这一概念同样的含义。也就是说，任何一方都不认为这样的约会预示着是完整的恋爱关系，或者是结婚前的"试验"。没有人称其为友谊或恋爱。

⊙ 同意或提出"不需要负责的性爱"后，你知道自己想要的只是性爱，而不是其他东西（如确立恋爱关系）。这并不是被自卑和害怕开展"认真对待"的关系所驱使的做法，也不是明显对自己不利的做法。

这里的关键词句是：相同的目标，相同的付出，不给对方造成任何麻烦。你能意识到这是自己想要的，而不是"挂羊头卖狗肉"。

那么，这与你所追求的"不需要负责的性爱"一致吗？

现在我们谈谈"女人不能没有性爱"这个话题。如果你恋爱了，性爱自然就来了。在没有爱的情况下，或者至少在相互之间没有强烈爱慕的情况下，性爱会给你多大的乐趣？你能从交友网站或酒吧的常客那里得到什么样的快乐？毕竟他们是"不需要负责的性爱"的主要拥趸。

至于"性是保持健康的必要条件"，这种说法也很荒唐。如果你非常需要生理上的释放，就应该知道如何自己解决，因为你是成年人。但是，把性看作治病的良方（为了健康！），把对方看作医疗设备，这是把他完全功能化了，你贬低了对方……还有你自己。

还有一个问题：两个陌生人之间的性行为会带来多少健康风险呢？你不能指望在心理上获得完全满足，最多只是获得一时的满足。与陌生人亲近，只是为了达到性高潮吗？这根本就是无稽之谈……

总之，追求纯粹的性不会让你获得身心健康，相反，你会失去健康，因为在通常情况下，"不需要负责的性爱"的拥趸，绝对会忽略性爱中应该承担的所有义务……

148.我还能遇到好男人吗?

> "我和男人的恋爱一直都没有好下场,我之前碰到的都是施虐者。我现在42岁了,想与正派的男人相爱!我还能遇到好男人,是吧?是不是每个人都有命中注定的爱人?"

的确,许多人认为,每个人都注定能碰到好伴侣和真爱,只需要静候幸福到来,不需要去"争取"和"赢得"。因此,卡捷琳娜把果沙当作期待已久的、上天在她与已婚男人多年无趣的婚外恋后送给她的礼物。

这就是迷信思维的表现之一,它能让很多人保持乐观的心态,并生活在"期待不可能发生的奇迹"中。然而,如果抱着这种期待,我们就:

⊙事先写好了生活的"脚本""草稿"。相信自己与众不同的生活即将到来。

⊙已经背叛了生命的主角——自己,而把对生命的光明和充实的期待转移给了别人。

为什么你不亲手为自己创造幸福和谐的生活呢?为什么你相信别人能帮助你创造这样的生活,而你却不能呢?

对于"我还能遇到好男人,是吧?"这个问题,该怎么回答呢?不管怎样,我最不想做的事情是打破别人的美好幻想,夺走他们的希望。不是每个人都准备好了听实话:也许会有真爱,也许没有。

但是,我会问那些头脑清醒的人:"如果遇不到好男人,该怎么办呢?你有没有想过自己的生活会是什么样子?现在你的确没有遇到好男人,也没有遇到真爱——这能说明你过得不好吗?"

我相信,如果你顽固地认为要想过上幸福生活就必须谈一场恋爱,没有遇到好男人,就不会获得幸福,说明你内心有很大的潜在脆弱性。如果你的内心坚定,能够全面发展,就可以获得幸福。但是,如果你觉得不谈恋爱自己的生活就不完整——那么你遇到下一个施虐者,恐怕只是时间问题……

149. 生活会惩罚自恋者吗？

"您见过自恋者遭到报应吗？生活会惩罚这种人吗？"

我们常常会认为自恋者的生活自由快乐。你在痛苦中煎熬，他却过着云淡风轻的生活。他带着新女友从你家门口招摇过市：他们衣着光鲜，有说有笑，她捧着鲜花，他挽着她的胳膊，深情地凝视着她的眼睛……而你却精神崩溃，绝望地躺在沙发上。这根本就不公平！

这里的逻辑链是："自恋者发布了一张与新女友甜蜜的合照＝自恋者很快乐"；老师也教导我们，多洛霍夫嘴里说的对妈妈的爱，等同于他对妈妈的真实态度。我们也走上了这条老路。简而言之，我们不应该仅仅通过我们看到的和旁人试图传达给我们的信息来判断。

无论自恋者在这场糟糕的游戏中表现得多么好，他的存在都是你生活中永恒的不安定因素，会迫使你换工作、换居住的城市、换朋友，无休止地"将自己的生活清零"……你在生命之河中"徒劳和漫无目的"地漂流，"无法掌舵，没有顺风"。

周围的人不断变换，你甚至不能留在自己的祖国，只能在别的国家的政治制度下生活。简而言之，除了自恋者，其他人做的每一件事都是错的，每个人都在经受折磨。对自恋者来说，不管他在你看来是多么自以为是，也往往是坏事多于好事。

第 4 部分
离开吧！不要回头

正常人无法想象，生活在灵魂永不满足的空虚、无休止的愤怒和嫉妒中，是怎样一场噩梦。正如萨姆·瓦克宁所说："世界上没有感同身受这回事。"自恋者完全且不可逆地脱离他人，却又迫切地需要他人。瓦克宁这样写道："空虚、渴望、情感疏离、机器人化和无意义，自恋者总是感觉'很糟糕'，他有不间断的抑郁和焦虑症状，甚至到了恐慌的程度。"因此，自恋者糟糕的生活是对他自己最严厉的惩罚。

这就是不应该以表面上看到的成功来判断一个人是否幸福的原因。即便自恋者拥抱着"让人惊叹的女人"、开着新车在你的面前经过，也不要认为"生活不会惩罚这样的人"。你看到的要么是自恋者的又一场面具秀，要么是他短暂的满足，这些很快就会被他的无聊、自卑所取代。

如果不谈罪与罚的哲学主题，我们应该记住，自恋者往往会面临严重的精神分裂、转化成恶习的成瘾、轻生风险增加或者陷入糟糕的事故。请记住自恋者是如何醉酒飙车，如何卷入阴暗的商战，如何麻烦事缠身的。你还想让他面临什么"惩罚"呢？……

举一些生活中的实例。一对处于施虐关系中的男女拥有"不可思议的爱情"。然而女人两次轻生均未遂后，第三次吞药而亡。

这个男人后来结婚了，有一次和儿子坐着木筏漂流。他们是晚上去的，显然是想违法偷猎。他们的木筏在黑暗中撞上了一艘船，翻了。最后，虽然两个人都获救，但是男人失去了一条腿。

"他遭到报应了吗？"可以这么说。

还有一个故事：十年前，在下诺夫哥罗德，一辆公交车发生了侧翻。这次事故的唯一伤者是一名年轻教师，她是个好女孩，也失去了一条腿。

总之，我们不应该把做过坏事的人遇到的每一次不幸解释为他们遭到的报应。坏人和好人都是凡人，很少有人一生中没有遭遇过任何不幸、损失和疾病。

150.没有施虐的生活太幸福了

> "我离开了施虐者……我已经连续一个星期睡到了早上八点钟!和他在一起时,我半夜三点就醒了,睡不着!昨天我还去买了橘子……我差点儿幸福得哭起来!我拿着袋子慢慢挑,我喜欢仔细挑选水果。就因为这件事,我受到过他的多次侮辱!他说我挑来挑去太丢人,这导致我有生以来第一次买到烂水果……现在我静静地打开袋子,静静地挑选橘子……以自己知道和喜欢的方式做每一件事,没有人再对我大喊大叫。"

这是从我的一位读者写给我的信中摘录的一段话,讲述了离开施虐者后生活的变化,令人感动又惊讶。毕竟在没有被侮辱、贬低、呵斥、指责、焦虑和恐惧的生活中,有能够睡到自然醒和挑选自己喜欢的水果这种事情,是理所当然的!

你能想象施虐者是如何"一点一点"地偷走你本该拥有的东西的吗?一件接一件的小事折磨着你——不是像用斧头一下子砍倒一棵树,而是像蚂蚁啃噬你一样,一点一点摧毁你的生活。

别人常常问我:没有施虐的生活是什么样的?我通常会利用更高层次的价值观回答:自我实现的可能性,与他人温暖的关系,"平静和自由",正如普希金所说的那样。

但是，抛开崇高的价值观不谈，看看在小事上你的生活质量是如何变化的，而且这些完全不是小事！

多么幸福啊——晚上你在躺下睡觉时，知道枕边不会有人打"呼噜"，起床时脸部饱满，头脑清爽，双眼没有哭肿。没有人"不小心"踢到你身上的瘀青。没有人偷拍你睡着时的"丑态"。

多么幸福啊——你可以"粗鲁无礼"地把叉子当勺子用，而且知道没有人会因此批评你。

多么幸福啊——你心情好的时候可以吃奶酪通心粉，而不用担心"营养学专家"只让你喝蔬菜汤。

多么幸福啊——你知道"今天过得好不好"取决于自己，而不是你的"亲爱的"。

我建议女性读者继续用"多么幸福啊……"造句，看看元气满满的生活是什么样的：

多么幸福啊——你去购物时不会被伴侣称作"妓女"！

多么幸福啊——你会去烫卷发或者扎辫子，而不是应他的要求"万年黑长直"！

多么幸福啊——你不用由于少去一次健身房，就被对方羞辱，说你懒，也不用为多吃了一块蛋糕而瑟瑟发抖！

多么幸福啊——你可以做自己，感觉自己是完整、和谐、平静的。不用卑躬屈膝，不用通过他的语气判断他是否满意、高兴，自己做得对不对。

多么幸福啊——你可以坐在咖啡馆里喝两个小时的咖啡，知道不会再有人每隔三分钟就打来电话，要求你解释在哪里、在做什么、周围是什么声音。

第 4 部分
离开吧！不要回头

多么幸福啊——你不会被指责缺乏"女性能量",他的失败不会归咎于你!

多么幸福啊——不用一心扑在家里,试图取悦他!

多么幸福啊——不用给他发的任何照片点赞!

多么幸福啊——走路时不会碰伤自己!

多么幸福啊——想睡多久就睡多久,想在哪里工作就在哪里工作,看自己喜欢的电影,听自己喜欢的音乐,吃自己喜欢的食物,想吃多少就吃多少!

多么幸福啊——去郊区玩,知道再也不会有人嫌弃你烤的肉串,也不用听到他由于水槽或马桶里有垃圾而尖叫!

多么幸福啊——不用从一个还没有掌握你一半知识和技能的人那里听到"你动动脑子好不好"这句话!

多么幸福啊——随时、随地与任何人交往!

多么幸福啊——听自己喜欢的音乐,不用担心有人轻蔑地嘲笑:"这歌太恶心了!"

多么幸福啊——可以用任何方式说话,不用听他的批评:"这个词很让人反感!我再也不想听你说这个词了!"

多么幸福啊——简单平静地生活,在街上逛,对他人微笑,挣钱,买自己想要的任何东西!

多么幸福啊——在与熟人打招呼时,不用担心引起伴侣的怀疑!

多么幸福啊——说话时不用字斟句酌,不用注意语气,不怕惹他生气!

多么幸福啊——不至于一听到消息提示音就心跳加速地冲向

手机!

  多么幸福啊——早上起来不用打扫房间,可以和朋友聊上几个小时,不需要听到伴侣说:"你是不是疯了,有那么多话可说吗?!"

  多么幸福啊——星期日的早晨可以在床上滚来滚去,不用听他说:"躺一天了还躺不够吗?你屁股抹胶水了?"

  多么幸福啊——大街上没有人对你大喊大叫,没有人把你扔在商场里,还怒骂你,让你羞愧得恨不得从人群里消失!

  多么幸福啊——醒来时不会看到对方"板着脸"在你的手机里找"暧昧的信息",而且知道这是你自己的手机,不需要向他汇报!

  朋友们,想来造句吗?我等着你在我的 Instagram 和《生活杂志》账号下评论,当然你也可以发邮件给我:tatkokina@yandex.ru!

术语表

施虐（虐待、欺凌）——精神（心理、情感）暴力。本书和《恐惧吧！我与你同行》一书中描述的所有攻击性做法（贬低、忽视、煤气灯效应等），都可以被称作施虐。

环境侵略——施虐者利用不同的人群（你的家人、朋友、虚拟社区、媒体等）为自己谋取利益——通常是为了粉饰自己的形象，诋毁、诬害受害者。被利用的人（见"飞猴"）往往不知道自己在施虐者的行动中扮演什么角色。关于环境侵略是如何发生的，我在我的三部曲的第二部——《这都是他们的事》中有详细说明。

成瘾（依赖、上瘾、习惯）——是对某种物质、某个人、某种活动的强迫性需求。更多时候适用于心理成瘾：网瘾、性瘾、赌瘾、购物狂、宗教狂等。

反社会型人格障碍——这种人格障碍的特征是不能对他人的感受共情，不能移情，不负责任，无视社会规范、规则和义务；在没有遇到困难的情况下，无法维持稳定关系；出现攻击性行为和发怒的阈值低；缺乏内疚意识或者不能从消极的生活经验中吸取教训，虚伪、欺骗、冲动或不能提前计划，有冒险行为，依赖于情感刺激。关于施虐者的类型，详见三部曲的第二部——《这都是他们的事》。

自信——一个人不依赖外部影响和评价，能够调节自身行为并对其负责的能力。这是心理成熟者的特征。

白大褂——一种心理防御机制,是迷信思维的变种。这种思维在于,一些人相信只要自己行为端正,在自己身上就不会有坏事发生,而他人之所以遇到坏事,是因为他们做了错事而被惩罚,是"活该"。"穿上白大褂"的人会从自己虚幻的道德无瑕疵角度出发谴责他人。

刻意忽略(不理睬)——是指施虐者完全拒绝将受害者当成一个人看待,完全否定其个性,并将其物化。他会通过使用各种施虐手段达到这个目的。

绝交——施虐者通过停止与受害者沟通来进行操控,不明说,也不解释原因。

受害者有罪,"责备受害者"——是将对受害者的侵略怪罪到受害者头上。这是环境侵略的一种形式。根据社会心理学,对受害者的指责是基于对正义世界的所谓信仰。他们相信任何行为都会产生有规律和可预测的后果,无法忍受不幸可能会偶然降临到别人身上的想法。为了避免承认自己对公正世界的看法是错误的,他们会把不公正的事件归咎于受害者的行为或本性,从而指责和贬低受害者。

锁闭沟通(克制,阻止)——施虐者通过避免与受害者沟通的方式进行操控。它与绝交的不同之处在于,施虐者使用的手段不是沉默和无视,而是其他策略:转移话题,贬低对方,取笑对方,等等。更多关于锁闭沟通的方式,请参见我的书《恐惧吧!我与你同行》中的"拧松螺母"一章。

全能控制——是一种原始的心理防御机制,表现为无意识地相信自己绝对能控制一切。是指一个人认为自己可以绝对控制所有怪诞的事情，即他对自身能力的无限信仰和对现实世界的限制性否定。

在我的书中，我将其看作是变态人格者固有的心理防御机制。在心理成熟的人身上，它表现为一种与环境相称的自信，对自己和世界的能力及其局限性的理解。

习得性无助——一个人虽然有能力，却不努力改善自己的状况和处境。他表现为被动，拒绝行动，即使有机会也不愿意改变或避免敌对环境。

煤气灯效应——是一种操控行为，施虐者使受害者对情况和自己产生扭曲的认识。结果，受害者开始怀疑自己的心理健康，不再相信自己的判断和感受，觉得自己疯了。可以在《恐惧吧！我与你同行》一书的"泼冷水"一章中了解更多内容。

情感依赖——是一种病态的依恋状态，无论是受害者还是施虐者，都无法打破相互之间形成的关系。就施虐者而言，这种依赖主要是由害怕失去自恋资源所驱动。就受害者而言，情感依赖往往被受害者视为爱（强烈的依恋），并因斯德哥尔摩综合征而加剧。

理想化——自恋者对一个人嫉妒式的欣赏，希望拥有其品质。嫉妒可能是完全或部分有意识的，或者完全是无意识的。萨姆·瓦克宁认为："只有当自恋者处于关系理想化阶段时，他才会有被称为'情感'的悸动。这种悸动短暂而又虚假，很容易被愤怒、嫉妒和贬低所取代。"

"飞猴"——被施虐者操控用来"开导"、骚扰、指责受害者或者粉饰自己在他人眼中形象的人。"飞猴"通常不知道自己在施虐关系中扮演的角色，他们真诚地认为自己站在正义的一边，劝吵架的情侣和好，帮别人维护家庭关系，以及做其他善事。

虚假的自我——是自恋者通过赋予自身理想、社会认可、令人羡慕和钦佩的特质而塑造的虚假人格。引用《恶性自恋》一书的作者萨姆·瓦克宁的话："虚假的自我就像引诱野鸭的母鸭，是真实自我的替代品。虚假的自我坚韧、不敏感，所以可以承受任何程度的痛苦和负面情绪。创造出虚假的自我后，孩子对冷漠、操控、虐待、压迫或剥削——简而言之是对父母施加的暴力——产生了免疫力。这是保护真实自我的盔甲，让真实的自我既不引人注目，又全能。"

可以在三部曲的第二部《这都是他们的事》中了解更多自恋者的人格结构。

迷信思维——这是与本书主题有关的思维：相信世界上没有偶然，如果施虐者出现在你或某人的生活中，这是上帝给你或某人的教训，是对一些罪行的惩罚，等等。迷信思维将受害者推入疲惫不堪地寻找自身错误的境地，迫使受害者勉强留在破坏性关系中，因为受害者认为破坏性关系是"命运的捉弄"，是"受虐狂找到了虐待狂"。此外，迷信思维是受害者认为自己有罪的驱动力。

社会性正常人的面具——是施虐者在社会中所展现的积极的、社会可接受的自我表现。

厌女症（厌恶女人）——对女人的憎恨、厌恶、根深蒂固的偏见。女人对女人的憎恨被称为"内部厌女症"。

自恋者（自恋型人格障碍患者）——是指一个人的人格特征表现为对自己的重要性有一种自得的感觉（夸大自己的成就和才能，期望获得他人的认可，但是没有取得相应的成就），迷恋于对无限的成功、权力、财富、美貌和理想爱情的幻想，坚信自己的独特性和特点。自恋者的特点是需要过度的赞赏，不合理地期待获得特权，利用他人达到自己的目的，缺乏移情，嫉妒和傲慢等。

在描述自恋者的内心世界时，心理咨询专家奥托·科恩伯格谈到了"模糊的虚假、羞耻、嫉妒、空虚或感觉不完整、丑陋、自卑或其补偿性的对立面——自我肯定、蔑视、保护性自足、虚荣和优越感"。

可以在三部曲的第二部《这都是他们的事》中了解更多自恋者的人格结构。

自恋性嫉妒——自恋者的一种关键情绪，表现为渴望占有另一个人的理想特质，以"完善"自己欠缺的人格。嫉妒也是变态人格者固有的心理。引用心理治疗师南希·麦克威廉斯的话："精神病患者自我体验的一个特点是原始的嫉妒——想要摧毁所有最理想的东西。"

自恋创伤——是一个人的身份、自尊心被破坏或者受到重大伤害的情况和生活经历。这可能是一种遭受屈辱、暴力或羞耻的经历。电影《苦月亮》中咪咪的经历就是明显遭受自恋创伤直至人格毁灭的例子。

自恋的延伸——是自恋者侵占与其进行自恋性融合对象的边界的人格（或者更准确地说，是人格的废墟）。典型的例子是自恋型父母的孩子，根据南希·麦克威廉斯的说法，"对他而言重要的不是他实际上是谁，而是他执行了某种功能"。

自恋者通过将受害者的品质和成就赋予自己，"延伸"了自己的人格。例如，养育了一个童星的妈妈如果是自恋者，她会觉得自己也是明星。或者自恋者娶了一个聪明、成功的女人，他会觉得自己更聪明、更成功。

自恋资源——是自恋者的情感"滋养",也是自恋者一种持续、无法满足的需求。自恋者从我们这里寻求反应,以提升自己宏伟的自我形象,避免自己陷入自恋性羞耻。除了冷漠,受害者的任何情绪都适合作为自恋资源,包括负面情绪:恐惧、仇恨。

自恋性羞耻——是自恋者一种极其痛苦的状况,与自恋者的虚无体验有关。当自恋者感到自己被剥去了面具,自己的不完美、弱点、"不足"暴露无遗时,他就会产生自恋性羞耻。例如,自恋者在输掉一盘棋后可能会产生自恋性羞耻。当果沙得知卡捷琳娜是工厂的主管时,他经历了自恋性羞耻。

自恋战利品——是指自恋者选择要"狩猎"的对象,是他理想化和嫉妒的人。通常情况下,被自恋者选中的"狩猎对象"被赋予了在人们眼中非常有价值的美德,因此这也成为自恋者自己的美德:美貌、地位、才华、活力等。

自恋愤怒(愤怒)——是自恋者感到被羞辱和贬低时的一种情绪状态。引用萨姆·瓦克宁的话说,自恋愤怒"既没有根据,也不是由外部激发的,它源于内部"。这就是为什么不应该指责受害者"挑起""激发""勾起"了自恋者的怒火。

不尊重人(忽视、粗心、不注意、疏忽)——一种旨在对受害者造成伤害并危及其生命的施虐手段:限制受害者获得医疗服务,对受害者反复使用暴力,把受害者留在危险的环境中,限制受害者的饮食等。请在《恐惧吧!我与你同行》一书中的"榨汁机"一章中了解更多信息。

贬低——是一种心理防御机制,当自恋者无法忍受自己的嫉妒情绪时,他会通过这种机制控制自己的嫉妒情绪。引用奥托·科恩伯格的话:"对一个好事物的嫉妒是复杂的,因为患者需要摧毁自己对这种嫉妒的意识,这样他就不会感受到自己对好事物的嫉妒所带来的可怕恐惧。"请在《恐惧吧!我与你同行》一书中的"拧松螺丝"和"榨汁机"两章中了解更多信息。

间接控制——是一种环境侵略战术,施虐者利用其他人来获取有关受害者的生活、联系方式和情绪的信息("搭便车"),对受害者进行控制,等等。

完美主义——是一种心理特征,即追求某种虚幻的理想或完美的倾向。完美主义者认为可以在恋爱关系、工作、创造力等方面做到完美。完美主义者使自己疲惫不堪,因为得到的任何结果都不能令自己满意,他永远认为自己可以做得更好。

藕断丝连——这是施虐者的一种操控手段,目的是在分手后重新追回受害者,或者(更常见的是)确保受害者愿意回到自己身边("拉动渔线")。施虐者采取藕断丝连的手段,以保持对受害者的控制。详见《恐惧吧!我与你同行》一书中的"安可"一章。

滥交——混乱的性关系。这是施虐者和有心理创伤的人的特征。

心理防御——是无意识的潜在心理过程,我们试图通过它来应对负面经历。心理防御用来保护自我不受内部或外部负面变化的影响,不受羞耻、内疚、愤怒、焦虑的影响——换句话说,任何威胁我们完整性和稳定性的影响,都是心理防御的目标。

变态人格者——见"反社会型人格障碍""反社会者"。

水刑——一种心理虐待手段,施虐者保持礼貌的表象,不提高声音。水刑特别隐蔽,因为受害者往往不能将这种行为称为施虐,尽管其后果与"明显外露"的暴力一样具有破坏性。

合理化——一种心理防御机制,当一个人分析情况时,试图为自己不被人理解的行为找到符合逻辑和可以接受的解释的一种心理过程。

令人作呕的情感糖衣秀——当施虐者害怕失去受害者或者因自身行为而受到惩罚时的操控行为。它表现为对受害者"巴结"、讨好、虚假的悔恨、疯狂地送礼物等。这是萨姆·瓦克宁提出的术语。

共同依赖——与另一个人病态融合的同居关系。在这样的关系中,共同依赖的人完全专注于对方的兴趣和生活。更容易产生共同依赖关系的人格类型见三部曲的第三部《废墟重建》。

反社会者——变态人格者,见反社会型人格障碍。

拯救者——见"卡普曼三角形"。

尾随——施虐者对受害者的盯梢行为。请在《恐惧吧!我与你同行》一书的"骨头上跳舞"一章中了解更多内容。

斯德哥尔摩综合征(对施虐者的认同)——这是一种心理防御机制,受害者否认被虐待的事实,即便他承认被虐待,也会为施虐者找借口。"斯德哥尔摩综合征"一词是犯罪学家尼尔斯·贝杰罗在分析1973年8月发生的斯德哥尔摩人质事件时提出的。这种防御机制最早是由安娜·弗洛伊德作了描述,被称为"对施虐者的认同"。

冒充者综合征——是指尽管有外部证据证明一个人有价值,但他还是会自我怀疑,感觉自己是在欺骗他人。存在冒充者综合征的人把自己的成功归功于运气,归功于天时地利人和,这往往会误导别人，实际上他更聪明，更有能力。

欺凌（霸凌，围攻）——是施虐者暗中或公开骚扰、诋毁受害者，使受害者痛苦甚至轻生等。

"三我"分析——是心理学家艾瑞克·伯恩提出的每个人都会经历的三种自我状态理论：父母、儿童和成人。当我们从父母那里拷贝来思想、情感和行为时，我们就处于父母的自我状态。当我们面对当前的现实、积累事实及客观评价事实时，我们就处于成人的自我状态。当我们的感觉和行为跟小时候一样时，我们就处于儿童自我状态。

触发器——"刺激物"，能够触发特定情绪反应的因素、现象或事件。触发器也可以是正面、积极的。

卡普曼三角形（受害者—拯救者—迫害者）——是一种被称为"命运三角"的心理现象，由斯蒂芬·卡普曼在1968年提出。三角形中的三方参与者愿意一起玩这个游戏，因为他们每个人都会从中得到一些心理上的好处。如果只有一个人处于三角关系中，他就会依次从一个角色转换到另一个角色，然后再转换到第三个角色，如此反复，直到他退出游戏。

从受害者的角度来看，迫害者是带给受害者压力的人。为了保持自己的"优越"地位，迫害者需要控制和贬低周围的人，给自己补充"养分"，缓解自卑感。

受害者通过求助拯救者来寻求某种形式的帮助是很常见的。如果拯救者承担了这个角色，并在没有意识到发生了什么的情况下提供帮助，那么这个三角关系就形成了。

情感依赖——是一种心理状态，即一个人所有的行为、想法都与任何客体或对象相关。其特点是有自卑感或对另一个人的强迫性想法，渴望过他的生活，与他融为一体。它被体验为一种融合，在这种融合中，另一个人变得至关重要，而自我则丧失。

移情——是对他人的感受和状态作出反应的能力，使自己对他人的经历感同身受。